災害史探訪

火山編

伊藤和明

KSS 近代消防新書 013

近代消防社 刊

はじめに

火山は、ごく当たり前の自然現象として噴火する。ひとたび大規模な噴火を起こせば、社会的・経済的影響は、計り知れないものとなる。時には、多くの犠牲者を伴うことも少なくない。近年も国内外で、多様な火山災害が発生してきた。

一方、火山は多くの恵みを人間社会にもたらしてくれる。美しい景観、豊かな温泉、清澄な湧き水、そして肥沃な土壌など。それらの恵みを資源として、ほとんどの火山の周辺では、土地利用や観光開発が進み、地域の繁栄が根づいている。

しかし、ひとたび火山が噴火すれば、地域社会は、たちまち災害の脅威にさらされることになる。それだけに、火山周辺地域は、常時から、いかに火山と共生していくかが問われているといえよう。

火山には、それぞれ個性があり、それぞれに異なったタイプの噴火を発生させる。また同じ火山でも、時によっては、それまでと異なるタイプの噴火を起こすこともある。

一つひとつの火山が、現在にいたるまで築きあげてきた長大な時間に対して、人間社会が体験してきた時間は、あまりにも短い。しかし、その短い体験のなかでも、過去を掘り起こすことによって、私たちはさまざまな防災上の教訓を獲得することができるし、将来への指針を学びとることもできる。

私は２００８年４月から、月刊誌『近代消防』に、「災害史探訪」と題して、過去に起きたさまざまな自然災害について連載を進めてきた。

そのなかで、「内陸直下地震編」、「海域の地震・津波編」に次いで、大災害を招いた火山災害についてまとめたのが本書「火山編」である。積み残した事例も多々あると思われるが、本書で取りあげた過去の災害事例から、未来に備えるヒントを読み取っていただければ幸いである。

目次

第７章　融雪泥流災害 …… 147

第1章　富士山大噴火

新富士火山の誕生

富士山（3、776メートル）は、過去からの噴出物の総計が約550立方キロと、日本の火山の中では、飛びぬけて大きな活火山である。なぜこれほど巨大な火山がここにあるのかは、地球科学上の謎の一つにもなっている。

富士火山は二重構造をしている。私たちが見上げる秀麗な富士山の姿は、「新富士火山」の表面を見ているにすぎない。その下には、「古富士火山」と呼ばれる大きな火山体が眠っているのである。

古富士火山の活動は、10万年ほど前から始まり、大規模な噴火を繰り返しては、大型の成層火山へと成長してきた。

1万1、000年ほど前になると、古富士火山を覆うようにして、新富士火山の活動が始まった。新富士火山は、しばしば溶岩を流出し、ときには火砕流も発生させてきたことが知られている。

今から約2、900年前には、東側の山体の一部が崩壊して、大規模な岩屑（がんせつ）なだれを発生させた。「御殿場岩屑なだれ」と呼ばれるその堆積物の厚さは、最大50メートルに達している。

また、2、000年前以降に繰り返されてきた噴火によって、山腹に60あまりの側火山を生じた。その大部分は、山頂を通る北西〜南東の斜面および北東側の斜面に分布している。

富士川下流からの富士山

万葉時代の富士山

このような新富士火山の活動のうち、噴火の状況が文字によって書き残されてきたのは、最近1、300年ほどにすぎない。

『万葉集』をはじめ、柿本人麻呂の『柿本集』などに収められている和歌から、当時は山頂からたえず噴煙の上がっていたことがわかる。

「ふじのねの　たえぬ思ひを　するからに
　　常磐に燃る　身とぞ成ぬる」

『柿本集』に載るこの和歌が、いま知られているかぎり、富士山の活動を詠んだ最古の作品であるらしい。人麻呂がさかんに歌を詠んでいた時代から推測すれば、７世紀末から８世紀初頭の作ではないかと考えられている。

約４，５００首の和歌を収めた『万葉集』には、富士の山頂から火柱や噴煙の上がっている光景を思わせる歌が、数首みられる。

なかでも有名なのは、高橋虫麻呂の作とされる「不尽山を詠ふ歌」（巻第三・三一九番）という長歌である。

「なまよみの　甲斐の国　うち寄する　駿河の国と　こちごちの　国のみ中ゆ　出で立てる　富士の高嶺は　天雲も　い行きはばかり　飛ぶ鳥も　飛びものぼらず　もゆる火を　雪もち消ち　降る雪を　火もち消ちつつ――」と詠まれており、噴火の続いているさまが描かれている。

しかし虫麻呂については、生年も没年も明らかではないので、この歌の詠まれた年代は、正確にはわからない。ただ彼は、養老年間に常陸国守に従って東国にいたとされているので、そのころに詠まれた歌とすれば、７２０年代の作ではないかと推測される。

『万葉集』には、このほかにも富士の噴煙を詠んだ歌が、数首知られている。

「吾妹子に　逢ふ縁を無み　駿河なる
　不尽の高嶺の　燃えつつかあらむ」

「妹が名も　吾が名も立たば　惜しみこそ
　　　布士の高嶺の　燃えつつ渡れ」

いずれも、激しい恋心を富士山の燃える火にたとえた歌であることは、いうまでもない。

正確な年代を付した最古の噴火記録は、『続日本紀』に載る781年8月4日（天応元年7月6日）の噴火で、「駿河国言、富士山下雨灰、灰之所及木葉凋萎」とある。つまり、「駿河の国からの情報として、火山灰が雨のように降り、灰の及んだ所では、木の葉がすべて枯れてしまった」と記されているのである。

激しかった平安時代の活動

平安時代にあたる9世紀から11世紀は、有史以来、富士山の活動が最も激しかった時代である。

800年から802年（延暦19〜21年）にかけては、かなりの規模の噴火が続いた。『日本後紀』の記述を要約すれば、「昼は噴煙によって暗くなり、夜は火光が天を照らし、雷のような鳴動とともに、火山灰が雨のごとく降り、山麓を流れる川の水が紅色に変わった」と記されている。また、このときの大噴火による噴出物によって足柄路が埋没したため、新たに箱根路を開いたと伝えられている。

８６４年（貞観６年）の噴火は、歴史時代になってから最大規模のもので、「貞観の大噴火」とも呼ばれており、平安時代の歴史書『日本三代実録』に詳細な記述がある。それによれば、「膨大な量の溶岩が山野を焼きつくしながら流れくだり、本栖湖と剗の湖(せのうみ)に流れこんで、水を熱湯に変え、魚などを死滅させるとともに、多くの農家を埋没した」と記されている。

この溶岩流によって、当時あった剗の湖は二つに分断されてしまった。それが現在の西湖と精進湖である。いま、西湖や精進湖、本栖湖の湖岸に、黒々と露出している溶岩は、このとき噴出した溶岩流の末端部分である。

貞観の大噴火は、富士山の北西斜面で始まった。現在は長尾山と呼ばれている側火山の周辺に、長さ約3キロに及ぶ火口群を生じ、そこから大量の溶岩を流出、斜面を広く扇状に覆った。噴出した溶岩の総量は、約1・4立方キロと推定されている。

この溶岩流は「青木ヶ原溶岩」と呼ばれており、１、１００年あまりのあいだに、溶岩流の上には大森林が発達してきた。いわゆる「青木ヶ原樹海」で、今は野生生物の宝庫としても知られている。

貞観の大噴火のあとも、富士山は頻繁に活動を繰り返し、しばしば溶岩を流出している。

932年（承平2年）の噴火では、噴石によって大宮浅間神社が焼失した。

937年（承平7年）の噴火については、『日本通記』に、「甲斐国言、駿河国富士山神火埋水海」とあり、溶岩流が川を堰き止めて、現在の山中湖が誕生したものと推定されている。

それ以後、952年（天暦6年）と993年（正暦4年）には、北東斜面で噴火が発生し、1017年（寛仁元年）には、北斜面の3か所から噴火、1033年（長元5年）の噴火では溶岩を流出、1083年（永保3年）には、7か所から溶岩を流出するなど、平安時代は、まさに富士山激動の時代だったのである。

それだけに、平安時代の文学作品には、富士山の活動している姿を描いたものが少なくない。

平安文学に描かれた富士山

平安初期の漢詩人だった都良香（みやこのよしか）（834?～879年）は、『本朝文粋（もんずい）』の第十二巻に、「富士山記」という一文を載せていて、当時の山頂火口の模様を知ることができる。

「此の山の高きこと雲表を極めて、幾丈といふことを知らず。頂上に平地あり、広さ一里ばかり。其の頂の中央は窪み下りて、体炊甑（かたちすいそう）の如し。甑（こしき）の底に神（あや）しき池あり。池の中に大きなる石あり。石の体驚奇なり、宛（あたか）も蹲虎（そんこ）の如し。亦其の甑の底を窺へば、湯の沸き騰（あが）るが如し。其の遠きにありて望めば、常に煙火を見る——」

ここに記された「蹲虎」、つまりうずくまっている虎に似た大石は、現在も山頂の火口底にあって、「虎岩」と呼ばれている。

かぐや姫の物語で知られる『竹取物語』にも、その終局の場面に富士山が登場する。月からの迎えの車に乗って、かぐや姫は月世界へと帰っていくのだが、そのとき姫は、帝への置きみやげとして不老不死の霊薬を残していく。しかし、寵愛していた姫に去られた帝にしてみれば、そのような霊薬など何の価値もない。

「大臣、上達部を召して、『いずれの山か天に近き』と問はせ給ふに、ある人奏す、『駿河の国にあるなる山なむ、この都も近く、天も近く侍る』——（中略）——かの奉る不死の薬、御文、壺具して、御使に賜はす。勅使には、調石笠といふ人を召して、駿河の国にあんなる山の頂に持て着くべきよし、仰せ給ふ。嶺にてすべきやう教へさせ給ふ。御文、不死の薬ならべて、火をつけて燃やすべきよし、仰せ給ふ。そのよし承りて、士どもあまた具して、山へ登りけるよりなむ、その山を『富士の山』とは名づけける。その煙、いまだ雲の中へ立ち昇るとぞ、言ひ伝へたる」

あのとき、不死の霊薬を焼いた煙が、今もなお立ちのぼっているのが、富士山の噴煙なのだと言い伝えているのである。

『竹取物語』については、作者も成立年代も不明なのだが、仮名文字の成立や用語の使い方などからみて、9世紀末から10世紀初頭にかけての作ではないかと推測されている。

平安時代後期の著名な女流文学作品である『更級日記』にも、噴煙を上げている富士山の姿が描かれている。作者である菅原孝標の女は、１０２０年（寛仁４年）の秋、上総から京へと帰任する父に従って、駿河の国に入った。

「富士の山はこの国なり。わが生ひ出でし国にては、西おもてに見えし山なり。その山のさま、いと世に見えぬさまなり。さまことなる山の姿の、紺青を塗りたるやうなるに、雪の消ゆる世もなくつもりたれば、色濃き衣に白き衵着たらむやうに見えて、山の頂の少し平らぎたるより、けぶりは立ちのぼる。夕暮れは火の燃えたつも見ゆ」

作者は、当時12～13歳の少女だったが、新雪をまとった富士の姿と、山頂からたえず噴煙が上がり、夜には赤々と燃え立つさまが巧みに描かれている。たぶんこれは火映現象であろう。もしそうであるならば、山頂火口にはマグマが満ちていて、溶岩湖になっていた可能性もある。

平安時代には、このほか『古今和歌集』をはじめとする歌集などに、富士の煙を詠んだ和歌が散見される。当時は、山頂から噴煙を上げている姿が、当然の風景になっていたものといえよう。

比較的穏やかだった中世

平安時代にたびたび大噴火を引き起こした富士山は、１０８３年（永正３年）の側噴火以後３５０年ほどは、顕著な活動もなく、山頂から静かに噴煙を上げる程度だったことが、多くの和歌などから読みとることができる。

『新古今和歌集』には、12世紀後半から13世紀にかけて、富士の噴煙を詠んだ歌がいくつか見られる。

「あまの原　富士のけぶりの　春の色の
　　　　霞にたなびく　あけぼのの空」（慈円）

「富士のねの　煙もなほぞ　立ち昇る
　　　　上なきものは　思ひなりけり」（家隆朝臣（あそん））

源実朝の歌集である『金槐和歌集』にも、

「富士の嶺（ね）の　煙（けぶり）も空に　たつものを
　　　　などか思ひの　下に燃ゆらん」

このように、12〜13世紀には、富士山は穏やかな噴煙活動を続けていたとみられる。その後は、噴煙がまったく途絶えてしまったと思われる時期もあった。

以後、１４３５年（永享７年）と１５１１年（永正８年）に、比較的小規模な噴火の起きたらしいことが、古文書から知られるが、江戸時代つまり17世紀になってからも、静かに噴煙を上げていたと思わせる表現が、和歌や俳句などに散見される。

そして、江戸時代中期の１７０７年（宝永４年）、富士山は突然の大噴火を発生させたのである。

宝永の大噴火

１７０７年10月28日（宝永４年10月４日）、歴史時代に日本列島を襲った地震としては最大規模といわれる宝永地震（Ｍ８・６）が発生し、東海地方から近畿、四国、九州にかけて大災害をもたらした。今でいう南海トラフ巨大地震である。

この大地震から49日後の12月16日（旧11月23日）、午前10時ごろ、富士山の南東斜面から突然の噴火が始まった。このとき開いた噴火口は、いま東海道新幹線の車窓からも望見でき、宝永火口と呼ばれている。上から順に、第１、第２、第３の３つの火口から成っているが、第１

火口だけが飛びぬけて大きいため、麓からは第1火口の大きな窪みしか目に映らない。

　噴火の前夜から、富士山麓一帯では、強い地震が頻発し、宝永地震によって傷んでいた家屋が倒壊するほどであった。

　そしてこの朝、噴火が始まると、山麓の村々には焼け石や焼け砂がたえまなく降りそそぎ、家も田畑もたちまちその下に埋まっていった。

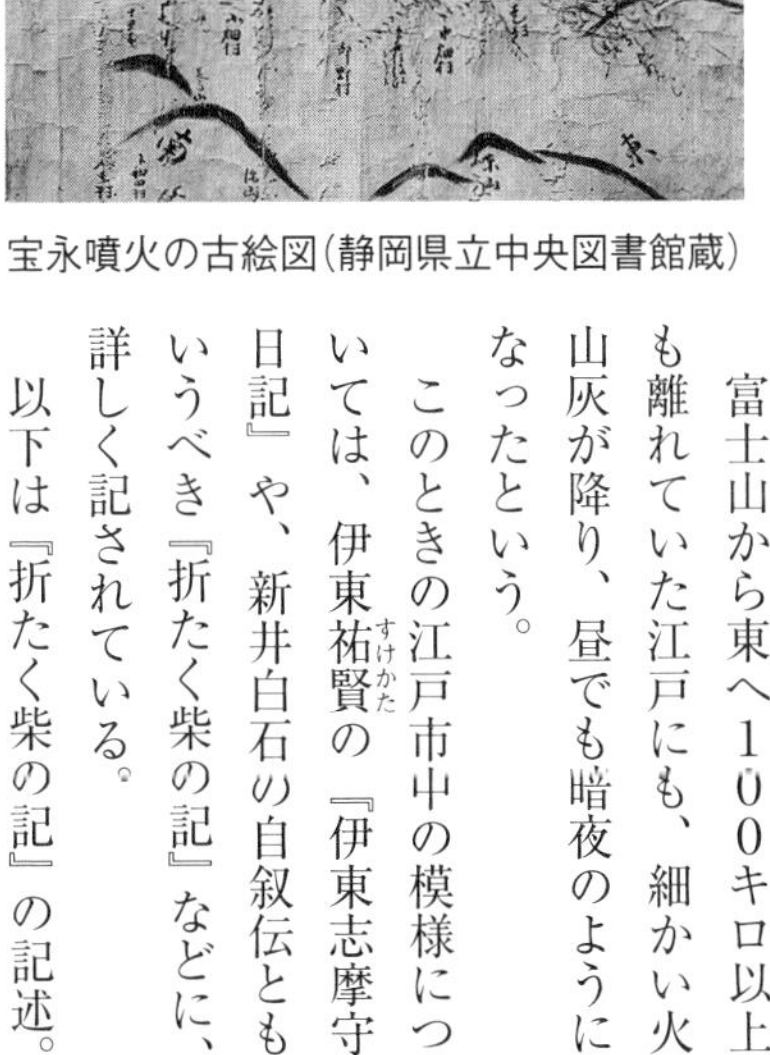

宝永火口（上から順に第1、第2、第3）

宝永噴火の古絵図（静岡県立中央図書館蔵）

　富士山から東へ100キロ以上も離れていた江戸にも、細かい火山灰が降り、昼でも暗夜のようになったという。

　このときの江戸市中の模様については、伊東祐賢（すけかた）の『伊東志摩守日記』や、新井白石の自叙伝ともいうべき『折たく柴の記』などに、詳しく記されている。

　以下は『折たく柴の記』の記述。

「よべ地震(ふる)ひ、此日の午時(うまのとき)雷(いかづち)の声す。家を出るに及びて、雪のふり下るがごとくなるをよく見るに、白灰の下れる也。西南の方を望むに、黒き雲起りて、雷の光しきりにす。西城に参りつきしに及びては、白灰地を埋みて、草木もまた皆白くなりぬ――（中略）――やがて午前に参るに、天甚だ暗かりければ、燭を挙て講に侍る」

儒学者であった白石は、このころ甲府藩主綱豊（のちの六代将軍家宣）に仕え、学問を進講していた。降りしきる火山灰のために、燭台に明かりを灯さねばならないほど暗くなっていたのである。

さらにそのあと、「廿五日に、また天暗くして、雷の震するがごとくなる声し、夜に入りぬれば、灰また下る事甚だし、『此日富士山に火出て焼ぬるによれり』といふ事は聞えたりき。これよりのち、黒灰下る事やまずして、十二月の初に及び、九日の夜に至て雪降りぬ」

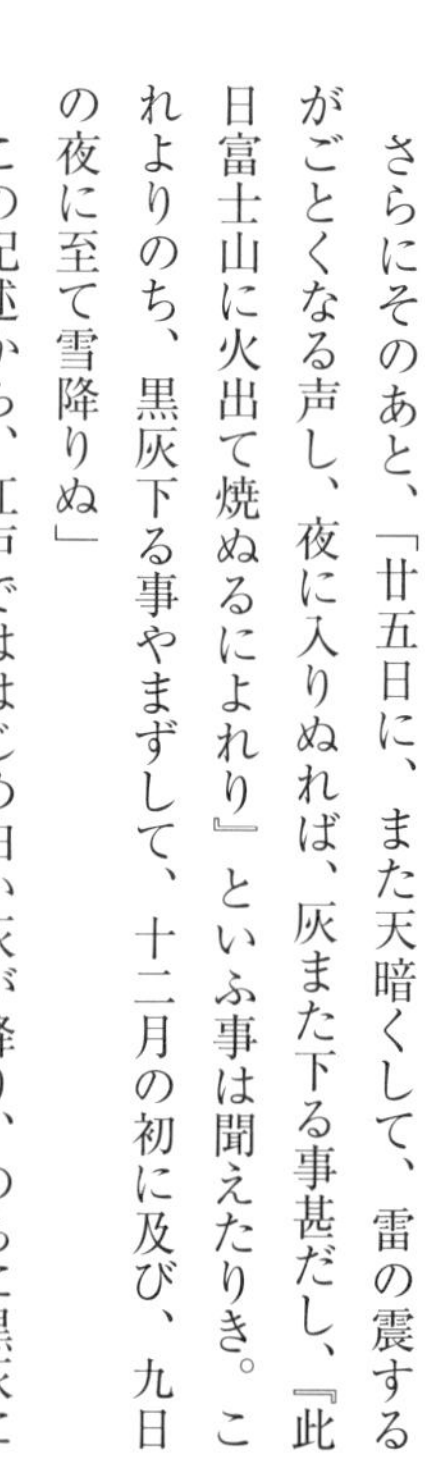
宝永噴火による噴出物層（足柄峠）

この記述から、江戸でははじめ白い灰が降り、のちに黒灰に変わったことが読みとれる。いま富士山の周辺で、宝永噴火の噴出物を観察すると、最下部には白い軽石の層があり、その上にスコリアと呼ばれる黒い噴出物が厚く堆積していて、まさに白石が観察、記録したとおりの順序になっていることがわかる（前頁の写真）。

軽石は、火山が激しい爆発を引き起こしたときの噴出物であることが多く、宝永噴火が、最初はかなり爆発的なものであったことを物語っている。

江戸の市民が、異変を富士山の噴火と知ったのは、灰が降りはじめてから2日後の12月18日（旧11月25日）であった。この日、駿河富士郡吉原宿の問屋や年寄から、２日前の模様を記した次のような注進が届いたからである。

「四ツ時よりふじ山おびただしくなりいで、其ひびきふじごほり中へひびきわたり――（中略）――木だちのさかひよりおびただしくけふりまき出し、なほもつて山大地ともになりわたり、ふじこほり中一へんのけふり、二時（ふたとき）ばかりうずまき申、いかやうの儀ともぞんじたてまつらず、人々途方をうしなひまかりあり候、ひるの内はけふりばかりとあひみえ、くれ六ツ時より、右のけふり皆火煙にあひ見え申候」

江戸では、その後10日あまり灰が断続的に降り、ときには粟粒ほどの黒砂が降りしきって、家々の屋根に落ちる音が、大雨のようだったという。

このとき江戸市中に降りつもった火山灰の厚さは、２～５センチほどとされている。火山灰

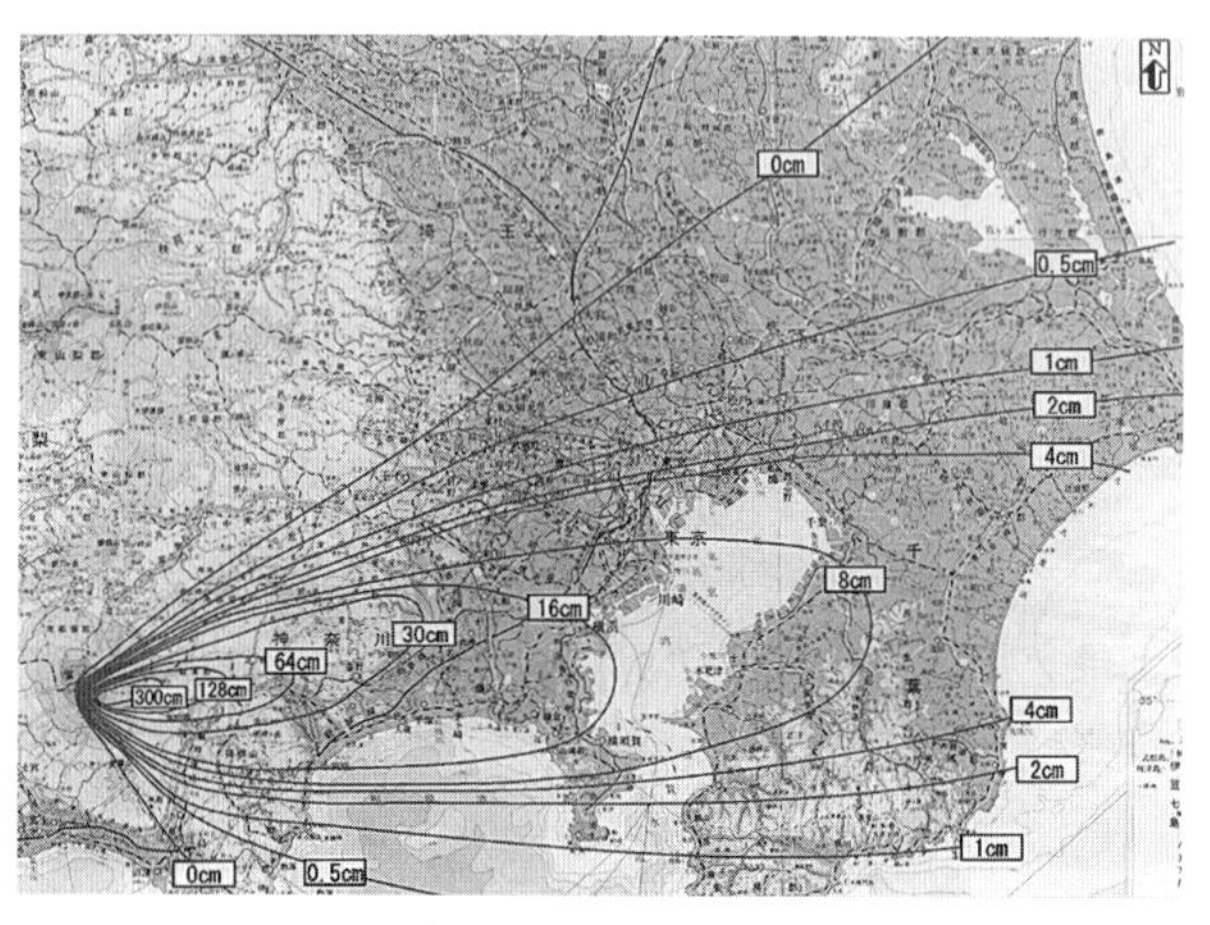

宝永噴火による降灰分布

は、その後風が吹くたびに飛散し、江戸の市民を苦しめた。風邪が流行し、人びとは咳が止まらず、長いこと呼吸器疾患に悩まされたという。

当時の狂歌の一つに、

「これやこの　行くも帰るも　風ひきて
　知るも知らぬも　おほかたは咳」

焼け砂に埋まる村々

宝永の大噴火は、富士山の南東斜面からの側噴火であった。

富士山の北麓にある富士浅間（せんげん）神社の僧が記した『大地震富士山焼出之事』によれば、「この日の朝10時ごろ、富士山の南東斜面から白い蹴（け）鞠（まり）のような形をしたものが舞い上がって、しだいに大きくなり、雲のように南の空へと広がっていった。山の鳴動は激しさを増し、雲はやがて村の上空にまで覆いかぶさってきたので、富士山が崩壊するのではないかと、村中大騒ぎになった」という。

　夕暮れになると、噴煙の中に火柱が立ち、煙は幾重ともなく、東の方角へと流れていった。

「夜に入り不断震動し、凄(すさまじ)き大火となり、大空へ積り、拾丈余許(ばか)りも火の玉飛あがり、其火山上へ落れば、微塵と散乱する事おそろし、又見事なり、東へ靡(なびき)し黒雲の中に、七八尺・一丈許の太刀の如き火光、十文字に切合の如く散乱し、是又不断也、諸俗は見て神事かと思ひけり」（『大地震富士山焼出之事』）

　噴煙の中に、火山雷による稲妻が飛びかう状況が描写されている。

　このころ、富士山の南東から東の山麓に点在する駿東郡の村々には、大量の噴石や火山灰が降りつづいていた。とりわけ、噴火地点に最も近い須走村には、直径40～50センチもの焼け石が激しく降りそそいだ。直撃を受けた家屋はたちまち炎上し、75戸のうち37戸が焼失、残りの家屋もすべて倒壊したという。

「二十三日之昼七ツ時に須走村禰宜(ねぎ)大和家に火之玉落、忽炎焼、須走村之者石のふるを凌ぎ立処に、夜九ツに又町之内へ火石落、不残須走村焼掃、二十三日より二十七日迄五日の内、砂之ふる事一丈三尺余、下は御殿場、仁杉を切、東はみくりや領足柄迄、砂之ふること、或は三尺或は四尺計(ばかり)づつ降積、谷河は埋て平地となり、竹林は色を片て枯山となる――」(『滝口家文書』)

壊滅した須走村のほかにも、大御神村、深沢村、用沢村などでは、家も田畑も焼け砂に埋まり、住民はみな村を捨てて、命からがら避難していくのが精いっぱいであった。

こうして、1月1日(旧12月9日)の未明に、16日間続いた噴火が終わるまで、50あまりの集落が、噴出物の下に埋没してしまったのである。

噴火が終わって、避難先から戻ってきた人びとの前に残されていたのは、厚さ1~3メートルもの焼け砂に覆われた家や農地であった。

「――水上新田百姓家屋根計り少し見る、須走村高札場砂にて埋り、札覆の屋根計り少し見る、浅間神社鳥居半分過砂にて埋り見へず、拝殿は屋根計り少し見へ、御本社軒際(のきぎは)まで埋る」(『大久保家記』)

すべての収穫を奪われた人びとは、たちまち飢餓に直面することになった。蓄えてあった食料も底をついたが、焼け砂に埋まった土地からは、何の収穫も期待できなかった。

小田原藩は、飢民救済のために、米1万俵を領内の村々に分配したのだが、その程度では、まさに焼け石に水であった。そのうえ、降りつもった焼け砂を除去するには、多大な労力と経費を必要とした。領民の自力では、土地の回復は不可能であり、餓死する者が相次いだ。

この窮状を前にして、幕府はようやく重い腰を上げ、救済の手を差しのべることになる。関東郡代伊奈半左衛門忠順（ただのぶ）を現地に派遣し、復旧事業にあたらせることにした。さらに、被害の大きかった村々を公領とすることに決め、幕府の直轄として、伊奈忠順の支配下におくことにしたのである。

さらに幕府は、被災地を救済するためとして、全国の公領私領を問わず、高１００石につき２両の義援金を課した。

元禄地震、宝永地震、そして富士山の噴火と、天変地異が相次ぎ、一方では、多大な浪費によって幕府の財政が窮乏し、それを補うための金銭の改鋳も、結果としては諸物価の値上がりを招いて、人びとの生活を圧迫していた。幕府に対する不信と不満が渦巻いているなかで、このような賦課金が喜ばれるはずもなかった。

当時の狂歌に、

「富士の根の　私領御領に　灰ふりて
　　　　今は二両ぞ　かかる国々」

こうして、諸国から強制的に徴収した額は、40万両にも達した。しかし、幕府が実際に被災地救済のために支出したのは、半額以下の16万両だけであった。残りの24万両は、江戸城の修復をはじめとする他の経費に流用してしまったのである。

このような状況下で、被災地復旧の任を負わされた伊奈忠順の苦労は、ひとかたならぬものであった。計画は、資金難のためにしばしば行きづまり、焼け砂の流れこんだ河川の改修も、容易には進展しなかった。被災地の復旧が遅々として進まぬうちに、次なる二次災害が発生したのである。

足柄平野に大洪水

はかどらないとはいえ、村々では、焼け砂を取り除くことに死力をつくしていた。家や田畑を埋めていた焼け砂は、決められた砂捨て場にうず高く積みあげられていった。しかし、翌春になって大雨がたびたび降るようになると、砂の堆積はしだいに崩れはじめ、人力で取り去る必要のなかった山林や荒れ地の焼け砂も含めて、少しずつ沢へと押し流されることになった。

こうして、降砂地いちめんの大量の焼け砂は、酒匂(さかわ)川に集まり、下流へと運ばれていった。

酒匂川の下流域に広がる足柄平野は、小田原藩の重要な穀倉地帯である。そのため、平野を水害から守るために、酒匂川の平野への出口には防水堤が築かれていた。

ところが、上流から運ばれてきた大量の焼け砂は、この堤に遮られて溜まりはじめ、河床は次第に上昇していった。そこへ８月７日の午後、激しい豪雨がこの地方を襲った。酒匂川の水量は急速に増し、持ちこたえられなくなった堤は、翌日の未明、ついに決壊したのである。濁流は、たちまち足柄平野の水田地帯をなめつくしていった。

この洪水により、家も農地も失った住民は、数を知れない。そのうえ、濁流に含まれていた大量の土砂が堆積して、被害をさらに深刻なものにした。いったん洪水に洗われた平野では、その後も乱流が繰り返され、半年間も水没したままの土地さえあったという。以後70年以上も、足柄平野では洪水災害を受けつづけたのである。

このように宝永の大噴火は、降下噴出物による直接被害と飢饉の発生、さらには翌年の二次的な大水害と、広域にわたって人びとの生命財産を脅かし、火山噴火による重く長い後遺症を、まざまざと見せつけるものであった。被災地が完全に復旧するまでには、それから気の遠くなるような歳月を要したという。

宝永噴火から３００年あまり、富士山は沈黙を続けている。しかし、古文書などから知られる歴史時代の活動を振り返れば、それは「かりそめの眠り」にすぎないことがわかる。活火山富士は、いつか必ず噴火を再開するにちがいない。歴史はまさに、富士山が生きていることを証言しているのである。

第2章　浅間山の天明大噴火

3か月で大規模噴火に発展

日本の代表的活火山である浅間山の山麓には、美しい高原が広がり、四季おりおりの自然のたたずまいが、多くの人びとを魅了している。とくに南麓は、軽井沢を中心とした保養地、観光地として栄えており、夏ともなれば、旧軽井沢の街は、涼を求めて訪れる観光客で溢れかえる。その光景は、浅間山が活動的な火山であることが忘れ去られたような賑わいである。

その浅間山が、数百年に一度という大規模な噴火を起こして、麓に大災害をもたらしたのは、1783年（天明3年）のことであった。この大噴火について、地元では「浅間焼け」とか「浅間押し」と呼んでいる。

噴火が始まったのは、5月9日（旧4月9日）のことで、このときは鳴動の記録はあるものの、火山灰が降ったという記録はない。その後、ひと月半ほどは活動を休んでいたが、6月24日の朝から、山鳴りが聞かれるようになり、25日の午前11時ごろに噴火を再開、山頂火口から噴煙が立ちのぼるとともに、翌26日にかけて、周辺諸国に火山灰を降下させた。

それから3週間ほどは、比較的穏やかだったが、7月16日の夜に活動を再開し、翌17日の夜8時ごろの噴火では、北麓に軽石を降らせた。このときは、前にも増して盛大な噴煙柱が上昇している。

7月25日からは本格的な活動となり、以後30日まで断続的に噴火を繰り返した。とくに、28日の正午ごろの噴火では、噴煙が空高く上がるとともに、関東一円から江戸にまで火山灰を降らせた。

その後2日間は静穏だったが、8月2日（旧7月5日）からは、いよいよ大噴火となった。午後になると、さらに勢いを増し、夕方から夜半まで、山頂部はほとんど火に包まれ、噴煙の中に火山雷が激しく飛びかった。

以後は、ほぼ連続的な活動となり、翌3日の午後になると、噴火の規模は一段と拡大し、山腹に降りそそぐ焼け石が草木を焼きつくしたうえ、火災は裾野へと広がっていった。その光景は、あたかも数万の松明を桟道に並べたかのようであったという。この間、小規

南麓から見た浅間山

模な火砕流が、しばしば斜面を流下したとみられている。

8月4日（旧7月7日）の午後からは、さらに激しい噴火となった。南西に20キロほど離れた望月では、降灰によって暗夜のようになり、人びとは互いの顔も識別できず、外出するときは、米俵を幾つも重ねて頭にかぶり往来したという。降砂降灰は遠方にまで及び、武蔵国の深谷あたりでも、日中に提灯をつけて歩かねばならないほどであった。

夜になると、数千の雷が同時に鳴り響くような轟音とともに、強い地震がひっきりなしに続いた。

この大規模な噴火は、翌5日の早朝にかけて、約15時間継続した。巨大な噴煙柱は成層圏にまで達し、風に流された噴煙から、大量の軽石が東南東方面に激しく降下するとともに、山腹には多数の火砕流が流下した。

軽井沢宿の混乱

8月4日の噴火で、壊滅的な災害をこうむったのは、浅間山から12キロあまり南東に離れた軽井沢宿であった。当時、軽井沢宿は中山道の重要な宿場で、１８６戸の家屋が立ち並んでいたという。

宿場では、７月28日から震動のため、激しい家鳴りが続き、一部の住民は避難を開始していた。

噴火が最盛期を迎えた８月４日の夜には、引きつづく震動によって、壁や天井の羽目板が外れるほどであった。そして、突如大量の焼け石が降りはじめたのである。

『浅間焼に付見分覚書』には、軽井沢宿の混乱の模様が、次のように記されている。

軽井沢宿の混乱（『浅間山焼昇之記』より）

「此宿、右同断往還筋、浅間山南麓にて、当七月大荒之節、石砂降、厚四五尺、七日夜、浅間山大焼、震動強く、戸はめはづれ候程之由、一尺四方位之大石、乍燃(もえながら)飛来落候而者砕、宿内西之方南側五十一軒焼失、其外潰家等に相成――」

30センチ四方もある大石が、燃えながら飛来して、民家の屋根に落下し、たちまち一面の火災となった。大石に押しつぶされた家屋も多数あり、打たれて即死する者もでた。

軽井沢宿１８６戸のうち、潰れた家屋70戸を数えた。降り積もった焼け石や焼け砂の厚さは、２メートルにも達したという。

翌5日になると、泥状のものが雨のように降りそそぎ、堆積した石や砂が固まって、除去することも困難になった。突然襲いかかってきた異変に、宿場は大混乱となり、狼狽した人びとは、先を争って逃げはじめた。

「提灯、松明にて家財を牛馬につくるあり、戸板をかつぎ、桶、摺鉢を頭に戴きて逃ぐるあり、夜着、蒲団、薄縁、笊を笠にして逃ぐるもあり、凡て男女の隔てなく、親を見失ひ、子を知らずして、只我先にと押し合ひ、揉み合ひ行く様は、実に惨乱の極みなり」（『浅間山』）

我先に逃げていくうちに、頭に乗せた桶に焼け石が落ち、桶の底が抜けて額に傷を負った者もあり、手にした提灯が打ち落とされて、明かりを失い、ただ手さぐりで足を運ぶ者もあった。

人びとは、このようにして南へ南へと落ちのびていった。降りしきる火山灰に視界を失い、沼や溝にはまりこむ者も続出し、ついには身につけてきた荷物や金銭も投げ捨てて、命からがら逃げていくだけであった。降雨で水かさを増した川を渡るときには、押しあいへしあいして、多くの人が持ち物を流してしまったという。

またある男は、馬の中荷に四文銭で2貫800文入れていたのだが、増水した川を渡るときに取り落とし、あわてて探そうとしたところへ、茶碗大の焼け石が、頬をかすめて落下した。驚いた男は、どんな大金でも命にはかえられないといって、そのまま先を急いだという。

こうして人びとは、6～7里も離れた他村へと避難していったのである。

浅間山から130キロほど離れた江戸でも、8月3日の夜から、家々の戸障子が震えつづけ、4日の昼ごろから、風に乗って灰が降ってきた。暮れごろからは、鳴響が次第に強くなり、砂や灰の降り方も激しくなった。

5日の朝になると、空が土色になり、午前10時ごろになっても薄暗い状態だった。正午ごろからは、次第に晴れてきたが、砂や灰は降りつづいた。午後2時ごろから、再び地鳴りや震動が激しくなり、夜まで続いた。2寸から1尺ぐらいの白い馬の毛のようなものが降り、なかには赤いものも混じっていたという。

実はこの間に、浅間山の北麓では、大規模な災害が発生していたのである。

火砕流の発生

軽井沢宿に焼け石が降りそそいだ8月4日、浅間山の北斜面では、特異な現象が観察された。

「七日の申の刻頃、浅間より少し押出し、なぎの原へぬつと押ひろがり、二里四方斗り(ばか)押ちらし止る」

『浅間記』にこのように記されている「ぬっと押しひろがった」現象こそ、火砕流の発生と流下であった。しかし、このときの火砕流は、人家もない斜面で止まったため、災害も発生せず、ほとんどの人が気づくことはなかった。

そして浅間山の北麓は、翌8月5日（旧7月8日）、運命の日を迎えることになる。

噴火の勢いは、衰えることはなかったのだが、北麓には、爆発音が鳴り響くだけで、焼け砂も降ってはこなかった。しかも、朝はよく晴れていたので、人びとは草刈りや野良仕事に出かけていくほどであった。誰ひとり、次に起こる大災害を予感する者はいなかった。

天明噴火の古絵図（浅間山火山博物館蔵）

この日、午前8時ごろから、噴火はいちだんと激しさを増し、10時ごろには最高潮に達した。

「火炎黒煙相交錯して乱騰し、勢猛烈冲天実に数百丈。閃く電光亦凄絶の極。加ふるに岩石火玉の投下頻に、恰も群雁の舞ひちぎるるが如く、落下の音響は天を震はし地を動かし、山勢為めに一変せんとするの趣あり」（『浅間山』）

大爆発の音は、近隣諸国だけでなく、北は東北地方、西は中国地方にまで及んで、人びとを驚かせた、越中富山の薬売りによれば、富山あたりでは、石臼を挽くような音が響きつづけたという。
「八日の四つ時既に押出す浅間山煙り中に廿丈斗りの柱立たるごとくまつくろなるもの吹き出すと見るまもなく直に鎌原（かんばら）の方へぶつかへり鎌原より横へ三里余り押広がり、鎌原、小宿、大前、細久保四ヶ村一度にづつと押はらひ――」（『浅間記』）
「其様恰も川霧の如く、幅一里、長さ二十丈に亘り、豪壮なる姿を以て浅岳より川筋に連続し、其処殊に鳴動するを覚えたり。此日薄曇りなれども、降雨の様も見えざれば、人々只々浅岳の噴煙彼方に落ちしならんとぞ思惟（しゐ）しける――」（『浅間記』）
火砕流が発生したのである。上の『浅間記』に書かれている「鎌原村にぶつかって横へ三里あまり押しひろがった」のも、「浅間山の噴煙が彼方に落ちた」と思われた現象も、火砕流が山腹を高速で流下した状況を描写したものと考えられる。

鎌原（かんばら）村の埋没

このときに発生した大規模な火砕流は、浅間山の北斜面をなだれ落ち、その中に含まれていた無数の溶岩片の力で地表を掘りさげた結果、削りとられて生じた大量の土石が、岩屑なだれとなって流下した。岩屑なだれは、たちまち北麓にあった鎌原村を直撃、瞬時に村を呑みこんでしまった。

思わぬ事態に、大多数の村人は避難することもかなわず、４６６人が犠牲になったという。

辛うじて村の一角にある観音堂の丘に駆けのぼった人、あるいは、噴火の沈静化を願って、観音堂で祈りをささげていた人など93人だけが、一命を取りとめたのである。

このときの火砕流は、埋没した鎌原村の名をとって「鎌原火砕流」と呼ばれている。

鎌原観音堂

浅間山北麓の「鬼押出（おにおしだし）溶岩」は、いま観光名所として、多くの観光客を招き寄せているが、この溶岩流は、この天明大噴火のさいに流出したものである。

従来、鬼押出溶岩は、鎌原火砕流⇒岩屑なだれの発生したあと、いわば天明大噴火の最終段階に山頂火口から流下したものと考えられてきた。

しかし最近の調査研究によって、鬼押出溶岩は、火口から噴出した高温の火砕物が、火口周辺に急速に堆積して溶結し、溶岩と同じような運動様式で流れだしたものであることが明らかになった。

一方、鎌原火砕流と岩屑なだれの発生過程についても、さまざまな成因説があって、謎はまだ解明されていないことを付記しておきたい。

吾妻川に大洪水

8月5日、岩屑なだれが鎌原村を埋没して大災害をもたらしたあと、さしもの大噴火も沈静化に向かっていった。しかし、災害はさらに続いたのである。

浅間山の北斜面を流下して鎌原村を襲った岩屑なだれは、流れくだる途中で大量の地下水や沼沢の水などを取りこんだすえ、吾妻川の渓谷に達し、大規模な泥流を発生させた。土石や流木などをまじえた凄まじい流れは、吾妻川の谷をくだり、流域の村々を次から次へと呑みこんでいった。

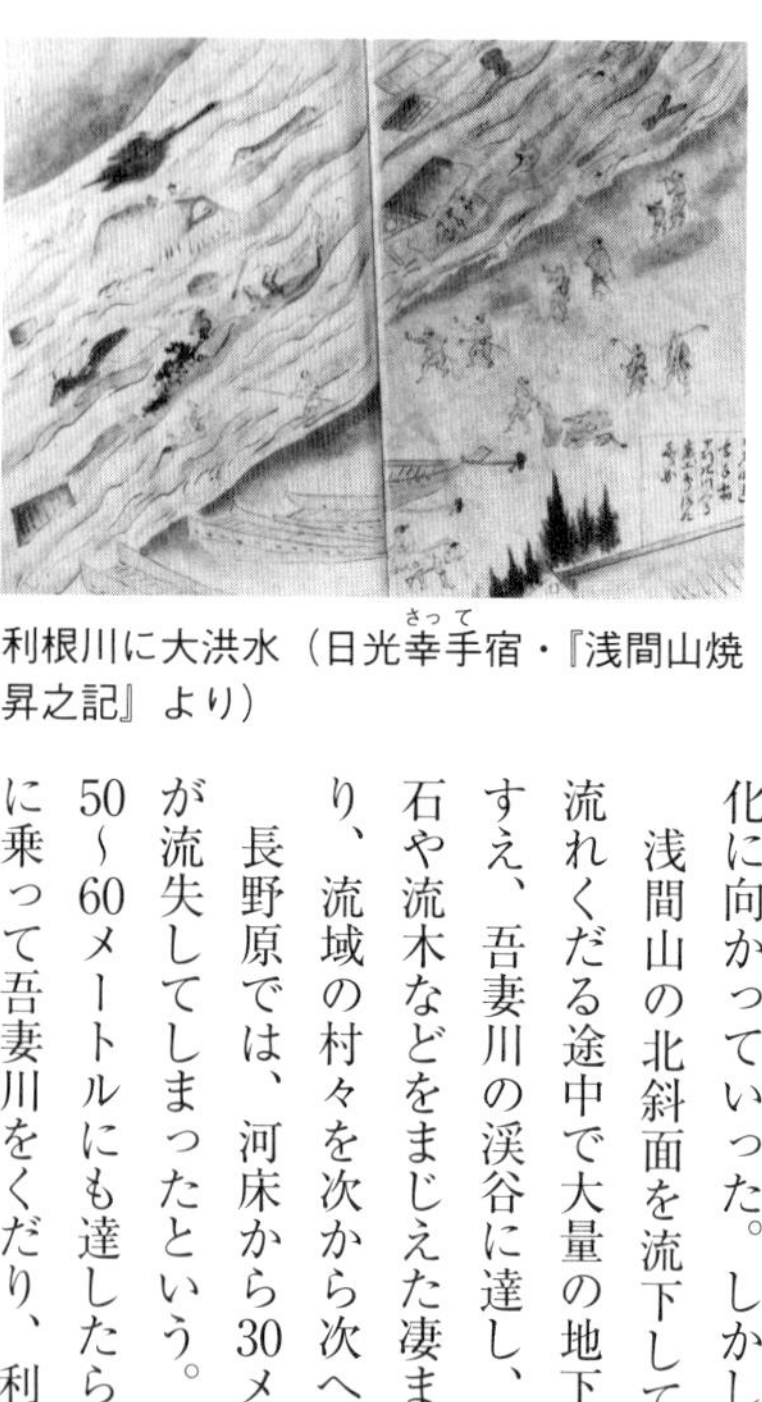
利根川に大洪水（日光幸手宿・『浅間山焼昇之記』より）

長野原では、河床から30メートルも高い段丘の上にある家が流失してしまったという。このときの泥流の水位は、最高50～60メートルにも達したらしい。人も牛馬も家屋も、濁流に乗って吾妻川をくだり、利根川の本流へと入っていった。

『信州浅間嶽焚崩紀事』には、前橋あたりでの利根川の惨状が次のように記されている。
「川の上二尋ばかり高く山のやうにうねりて、いと大きやかなるおろち、かしらならべて押来る、跡見ず逬のびて、やうやう高き所になりてみれば、大蛇にあらで大木の根ながらぬけて流しにや、水は硯の海の色して、三尋許なり、火石黒煙うづまひて行中に、かすかに人の声の、今をかぎりとなきさけびて、波のうへに聞ゆるもあり、犬の声、牛と馬とのおめきて行も聞ゆ、あるは家のむねに乗りながら流れて、たちまち水の底に沈にや、かなしき声どもして消はてたる、おとこおふなのかずしらず、家のかずは軒を尽して流行、俄に出たる水なれば、ゆくりなくはたを織台に乗ながら、腰に絹をゆひつけたるままにながれ行、若き女の、脊に子をおほひ、前にいだきて、屋の上にたつ、なふ此子たすけ給へと、声のかぎりさけべども、舟なければせんすべなし、少し岸近くよるとき、さて網といふ物を差出す、いだきたる子をその中へなげ入て、女は手を合せておがみけり、その母をもたすけんと、流にそひあゆみ行に、火石ながれて押かかるに、家共に波の底におろししづめられ、次第に泥押来り、川も岡もひとつになり、矢をいるらんごとき早瀬の水、少したたへたり――」

せめてわが子だけは助けてほしい、という母親の心情が、切々と伝わってくる涙ぐましい情景である。

この二次的な大洪水により、55の村が被災し、約1、200戸が流失、流死者1、600人あまりを数えた。

東京の小岩、江戸川の右岸にある善養寺の境内に、一つの供養碑がある。その碑文からは、浅間山の天明大噴火のあと、江戸川の中洲に流れついた多くの遺体を手厚く葬り、その十三回忌に建てられた供養碑であることが読みとれる。記録によれば、そのとき江戸川の水は泥のように濁り、人や牛馬の遺体とともに、根のついたままの樹木や家の建具、家財などの破片が、川面いちめんに押し流されてきたという。

発掘された天明の遺骨

岩屑なだれに埋められ、多くの住民が犠牲となった鎌原村では、九死に一生を得た男女どうしが再婚し、新たな家庭を築くなどして、村の再建につくしたという。村ではその後、元の場所つまり岩屑なだれの堆積物の上に、新しい集落が開かれ、現在にいたっている。

93人の村人が難をのがれたという観音堂の丘は、今もそのままで、観音堂の正面には、現在15段の石段が数えられる。天明の大噴火以前には、石段はさらに下まで続いていたのだが、岩屑なだれに埋まったために、地表に15段を残すのみとなったのである。

天明の大噴火から２００年近くを経た１９７９年（昭和54年）の夏、鎌原村の発掘調査が行われた。

発掘の結果、堆積物の下から、当時の家屋の残骸や数々の調度品などが出土した。柱や梁の一部は黒く焼け焦げていた。これは、岩屑なだれの中に高温の溶岩塊が多数含まれていたことを意味している。

発掘された２体の遺骨

観音堂前の石段の延長部分も掘りさげられた。その結果、石段はもともと50段であったことが判明した。つまり、いま地上に残る15段を差し引いた35段分が、厚さ7～8メートルの岩屑なだれ堆積物に埋まっていたことになる。

この発掘のとき、地下に続いていた石段の最下部から、折り重なって倒れた2体の人骨が見つかり、関係者を驚かせた。骨や毛髪などを分析した結果、上側は老女、下側は中年の女性のものと鑑定された。娘か嫁にあたる女性が、母親を背負い、迫りくる土砂から逃れようと、観音堂のある丘へと走ったのであろう。しかし、ようやく石段の下に辿りついたとき、2人は大量の土砂に追いつかれ、呑みこまれてしまったものと思われる。あと35段、時間にしてわずか30秒前後の遅れが、2人の生死を分けたのである。

大災害から2世紀を経て、ようやく日の目をみた2体の遺骨は、まさに天明の悲劇の化石なのであった。

浅間山北麓に残る巨大な溶岩塊

火砕流の置きみやげ

天明大噴火のとき、火砕流や岩屑なだれの通路となった地域は、いま北軽井沢のリゾート地として開発され、多くの別荘が点在し、ゴルフ場やテニスコートなどのスポーツ施設もある。また、鬼押出溶岩は、観光名所として多くの観光客を招き寄せている。

いま浅間山の北麓を歩くと、ところどころに巨大な岩塊の点在していることがわかる。これらの岩塊は、8月5日に流出した火砕流の中に含まれていた溶岩片であり、火砕流が流下するとき、その力によって地表を削り、岩屑なだれを発生させる原動力となったものである。火砕流の置きみやげともいうべきこれら大小の溶岩塊は、今は別荘の礎石として利用されており、ゴルフコースの手ごろな障害物ともなっている。

天明の大飢饉

浅間山の天明大噴火は、すでに始まっていた天明の飢饉に追いうちをかけるものであった。天明の飢饉は、享保、天保の飢饉とともに、江戸時代の三大飢饉の一つに数えあげられている。大噴火の年にあたる１７８３年から翌年にかけて、飢饉は頂点に達し、想像を絶するほどの惨状を呈した。

冷夏・冷害の傾向は、すでに前年から始まっていたのだが、この年は春になっても、おそくまで寒さが残り、日照の少ない日々が続いた。その後も冷雨が降りつづき、夏も冷たい北東風が吹きつのって、土用になっても袷（あわせ）や綿入れを着るほどであったという。冷害による凶作は、決定的な状況であった。

そこへ浅間山が大噴火したのである。降灰は、関東、甲信越から東北地方にまで及んで、農作物に大きな打撃を与えた。ただでさえ、冷たい夏が凶作を予告しているところへ、大量の火山灰が降りそそいで、作物の生育を妨げる結果となったのである。

天明大飢饉の惨状をまとめた『天明救荒録』（磐城国相馬中村）には、天明3年の天候について、次のように記されている。

「正月十六日大雪、十九日二〇日と雪降積り、余寒厳しかりき。三月二三、四日種蒔き、五月一四、五日方より田植え。風雨有り、甚だ寒冷、三月中旬頃より雨降り出し、一両日位晴天にて、四、五日づつ日々の様に八月下旬まで雨天多く、陰天曇り勝ちにて、甚だ冷気ゆへ、夏土用中も帷子（かたびら）・単物（ひとへ）等は着しかね、綿入や袷（あはせ）にて通りけり。よろづ虫類生じず、五月一三日方より田植はじまり、六月下旬頃は早稲出穂あるべき日数なれども、さらに其色見えず、同月大雨、一八日洪水あり。麦作草生は大体なれども取箇少なし。

七月より日の色赤く、八月中頃西南に当りて震動雷電の如く、大そうの鳴物日夜夥（おびただ）しく聞へける処、八月二七、八日頃灰雪の如くふれり。追々聞けば信州浅間山焼抜け、大石ども数々熱湯にして押流し、小石・砂・焼灰を吹上げ、人家田畑悉く亡失し、死人数知れず、遠国へ灰を飛ばしふらせしなりと云ふ。大火ありし後は、多分雨ふるものなる処、浅間山春より焼けしゆへ、雨天続きしものならんと云ふものあり」

浅間山の火山灰は空を覆い、微細な塵や粒子（エアロゾル）は、成層圏にまで達して日射をさえぎった。野菜類は立ち枯れ、稲の花も咲かなかったという。そのうえ、火山灰が雨粒の核となって降水量が増え、冷夏を助長したともいわれる。大噴火から数か月を経ても、大量の微粒子は天空に浮遊していた。

『橘南谿西遊記』には、天明3年秋の京都での目撃談が載っている。

「日輪も光りなく、唯月を望むが如くなり。板敷などには灰の積りたる様にて払集むべし——(中略)——長月の半の頃は夕日光無く、唯朱よりも赤く、童などは暮毎に立ち集ひつつ珍しがりき。其月の末の頃より満天紅にして人の顔に映ず」

浅間山が大噴火した1783年、アイスランドの南部にあるラカギガル火山が、大規模な割れ目噴火を引き起こした。噴火割れ目の全長は約27キロに達し、大量の溶岩を流出した。

そのうえ、おびただしい量の火山ガスが放出され、大量のエアロゾルが、北半球全体の空を覆い、気候の寒冷化をもたらした。ヨーロッパでは、このあと3、4年のあいだ、低温傾向が続いたという(**第8章参照**)。

このように、北半球全体の寒冷化という状況下で、浅間山の大噴火は、冷害に拍車をかけ、さらにそれを悪化させる要因となったのである。

とりわけ、東北地方の惨状は筆舌につくしがたいほどであった。

蘭学者・杉田玄白が記した『後見草（のちみぐさ）』には、天明3年から4年にかけての飢饉の模様が、詳しく述べられている。

「――元より貧しき者どもは、生産の手術（てだて）なく、父子兄弟を見捨てては、我一にと他領に出さまよひ、嘆き食を乞たれど、行先行先も同様、飢饉の折柄なれば、他郷の人には目も掛けず、一飯与ふる人もなく、日々千人・二千人、流民どもは餓死せし由。又出行事のかなはずして、残り留る者共は、食ふべきものの限りは食ひたれど、後には尽果て、先に死たる屍を切取ては食ひしよし――（中略）――かく浅ましき年なれば、国々の大小名、皆々心をいたましめ、飢を救はせ給へども、天災の致す所、人力にては及がたく、凡（およそ）去年今年の間、五畿七道にて餓死せし者、何万人といふ数しれず。おそろしかりし年なりし」

東北の各藩は、飢民を救済するため、多少の米を用意したものの、まさに焼け石に水であった。最後には、死者の肉までも口にしなければならなかったほどの惨状だったのである。

冷害の年はその後も続き、米の値段は高騰、各地で百姓一揆や打ちこわしが相次いだ。しかも1786年（天明6年）には再び冷害となり、関東平野が大洪水に見舞われている。

1787年（天明7年）6月には、江戸でも、米価の高騰による市民の怒りが爆発して打ちこわしが発生、3日間も無政府状態になったという。

このように、１７８０年代にあたる天明年間は、浅間山の大噴火、さらには冷害による大飢饉と、暗く悲惨な年の続いた時代であった。天明の飢饉による餓死者は、東北地方を中心に30万人をこえたとも伝えられる。

折から、老中・田沼意次（おきつぐ）の賄賂政治が世の指弾を浴びていたころであり、これらの災害は、すべて悪政の祟りであるとして、庶民は呪いの声をあげたのである。

当時の落首が、この暗い時代を巧みに風刺している。

「浅間しや　富士より高き　米相場
　火の降る江戸に　砂の降るとは」

「砂や降る　神代も聞かぬ　田沼川
　米くれないに　水もふるとは」

第3章　桜島の大正大噴火

繰り返される大噴火

１９１４年（大正３年）の１月、桜島火山が大噴火を起こして、周辺に大規模な災害をもたらした。桜島は、日本の活火山のなかでも、最も激しい活動を続けている火山であり、このいわゆる「大正の大噴火」は、20世紀以降の火山活動としては、日本で最大規模の噴火として知られている。

桜島火山は、姶良（あいら）カルデラの南縁に、２万６、０００年ほど前に誕生した火山で、以後活発な噴火活動を繰り返してきた。

歴史時代になってからも、７６４年（天平宝字8年）、１４７１～１４７６年（文明３～8年）、１７７９年（安永8年）、１９１４年（大正3年）、１９４６年（昭和21年）に大噴火を発生させている。

桜島は、北岳（１、１１7メートル）と南岳（１、０６０メートル）という２つの成層火山から成っていて、有史以後の噴火は、すべて南岳の山頂および山腹から発生してきた。

上に述べた大噴火のうち、文明の噴火では、東側と南西側に大量の溶岩を流出し、降下噴出物によって多くの家屋が埋没、多数の死者がでたと伝えられる。

1779年11月8日に始まった安永の大噴火では、数日前から地震が頻発し、前日には井戸水が沸騰したり、海面に変色水域が現れるなど、顕著な前兆現象が認められていた。

そして、当日の14時ごろ、南側の山腹、次いで北東側の山腹で大規模な軽石噴火が発生、火砕流を流出した。つづいて溶岩の流出が始まり、南側・北東側それぞれに溶岩流は海岸にまで到達している。山麓に大量の噴石が降りそそいだために、150人あまりの死者がでた。さらに、北東側の沖合いでは海底噴火が発生し、9つの小島を生成した。うち4島が現在も残存している。

なお歴史記録では、上記764年から1471年までの700年あまり大噴火がなかったことになるが、近年の噴出物調査から、この間に少なくとも2回の大噴火があったことが明らかになっている。

大噴火の前兆現象

大正の大噴火が始まったのは、１９１４年1月12日だったが、このときも、大噴火に先立つ前駆的な現象が広範囲に発生している。

噴火前年の１９１３年には、５月下旬に霧島山の北西山麓で群発地震が始まり、６月29日には、薩摩半島の西岸、串木野の南方でＭ５・７の地震が発生、その後も有感地震が多発して崖崩れなどの被害がでた。

11月８日には、霧島火山群の一つである御鉢で噴火が発生、その後も、12月９日と翌年１月８日に噴火を繰り返している。いわば、南九州一帯が騒然とした状態になっていたといえよう。

桜島でも、噴火の１〜２か月前から、一部の集落で井戸水の水位が低下して、干潮時に水の汲み取りができなくなるなどの異変がみられた。

噴火が始まる数日前から、桜島では有感地震が多発し、噴火当日の早朝には、それまで水位の低下していた井戸で、反対に水位が上昇した。また桜島の東海岸で、大量の熱水が湧きだすなど、さまざまな異常現象が観察されていた。

これら大噴火にいたるまでの異変について、『日本噴火志』（震災予防調査会報告第八十六号）には、次のように記述されている。

「桜島ニテハ一月十日ヨリ地震ヲ発シ十一日ニハ頻繁トナリ島民ハ既ニ避難ヲ始メタリ、鹿児島市ニテモ十一日午前三時頃ニ眼ヲ覚マス程ノ地震一回アリ、引キ続キテ地震夥シク、十二日午前六時迄ニ鹿児島測候所ノ普通地震計ハ三百三十七回ノ震動ヲ記録シタリ、十二日午前八時半頃ニ及ビテハ島ノ南岸脇村有村ノ海浜ヨリ熱湯ヲ噴出セルアリ、有村ノ温泉ハ三尺モ高ク吹キ上ゲラレタリ、而シテ之ニ先キダチ同日未明ヨリ桜島ハ雲霧ニ閉ザサレタルモ時々絲ノ如キ白煙ヲ騰上セシムルアリ、午前八時頃ニハ南岳ノ頂上ヨリ白煙ヲ饅頭形ニ上空ニ抛出シタリ——」

桜島火山が大噴火を開始したのは、1月12日の朝10時すぎのことだから、その2時間ほど前に、南岳の山頂から白い煙が饅頭のような形をして上昇したというのである。

鹿児島市を襲った直下地震

午前10時5分、まず西山腹の引ノ平付近から噴火が始まり、その約10分後には、東山腹の鍋山の上方から噴火を開始した。噴火の勢いは急激に増大し、轟音を伴いながら、猛烈な黒煙を噴きだした。10時半ごろ、噴煙は1万メートルもの高さに達するとともに、全島を覆ってしまった。

高温の噴石が降下したため、東桜島の黒神や瀬戸の集落では、火災が発生して多数の家屋が焼失し、有村温泉も火炎に包まれた。

さらに、噴火開始から8時間あまりを経た18時28分、今度は桜島と鹿児島市の中間海域で、M7・1の大地震が発生した。この地震は、九州一円で有感となったが、日本で起きた火山性地震としては、最大規模のものであった。

激震に見舞われた鹿児島市では、多くの家屋が倒壊、土砂崩れや無数の地割れが発生した。とくに被害が大きかったのは、城山よりも東の海岸沿いの地域であった。家屋や煙突が倒れ、屋根瓦が飛散する一方で、桜島の噴火による轟音が響きわたり、市民は恐怖のあまり、ただ狼狽するばかりだったという。

大正大噴火と鹿児島市

この地震による全壊家屋は、鹿児島市で39棟、鹿児島市と周辺をあわせた死者は29人を数えた。死者のなかには、郊外へ避難する途中で崖崩れに遭い、死亡した9人が含まれている。

またこの地震に伴い、小規模ながら津波が発生し、港に係留されていた小型の船が破損した。

火砕流の発生と溶岩の大量流出

激しい噴火活動は、翌1月13日の夜まで約1日半続き、この日の20時すぎには、西側の火口付近で火砕流を伴う噴火が発生、海岸に連なる家屋が、高温の火砕流によって焼失した。

大正溶岩

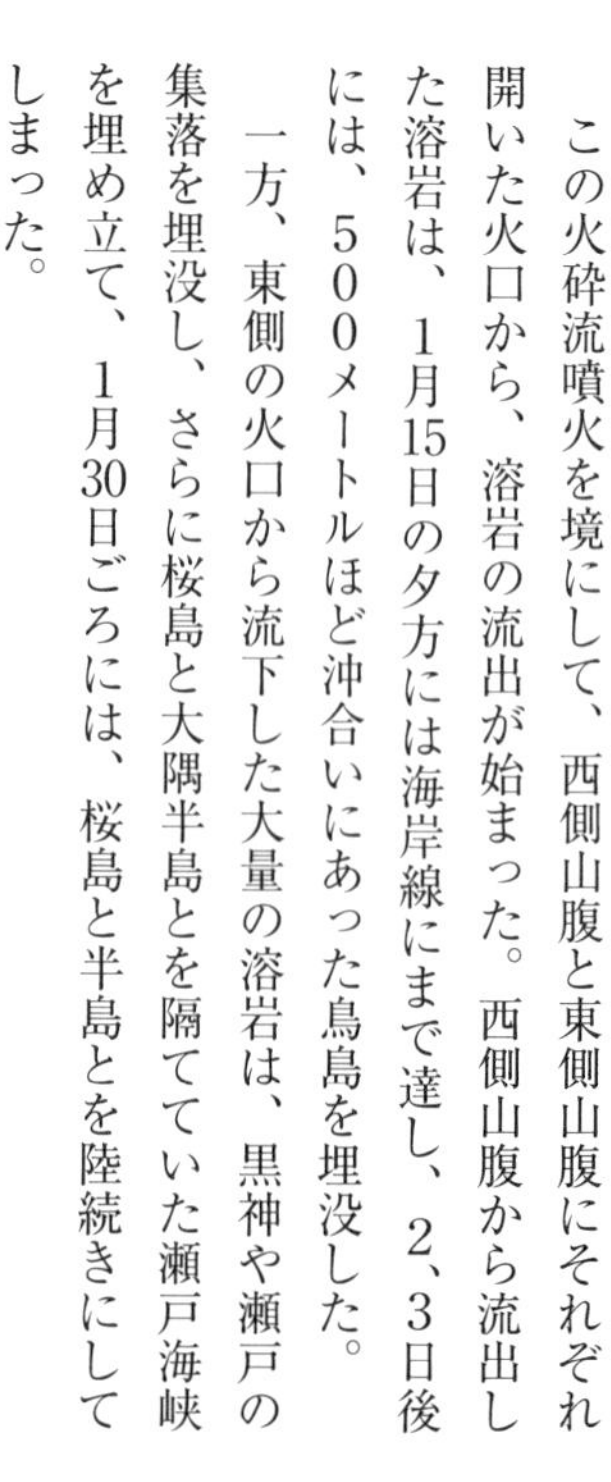

この火砕流噴火を境にして、西側山腹と東側山腹にそれぞれ開いた火口から、溶岩の流出が始まった。西側山腹から流出した溶岩は、1月15日の夕方には海岸線にまで達し、2、3日後には、５００メートルほど沖合いにあった烏島を埋没した。

一方、東側の火口から流下した大量の溶岩は、黒神や瀬戸の集落を埋没し、さらに桜島と大隅半島とを隔てていた瀬戸海峡を埋め立て、1月30日ごろには、桜島と半島とを陸続きにしてしまった。

西側山腹での活動は、ほぼ2か月で終了したが、東側山腹では、翌１９１５年の春まで活動が断続的に続いたのである。

桜島の大正大噴火は、大量の溶岩流出に注目が集まっているが、降灰量も膨大で、真冬だったことから、北西の季節風に乗って、火山灰が大隅半島に降りそそぎ、厚く堆積した。牛根村（現・垂水市）では、灰の厚さが数10センチにも達し、その後の大雨による土石流発生の原因となった。

火山灰は、桜島から１，０００キロ以上も離れた小笠原諸島にも達しているし、さらには偏西風に乗って、遠くカムチャツカ半島にまで到達したといわれる。

また、大噴火とともに噴出した大量の軽石が海面に浮遊し、海岸から数キロの沖合いまで、見渡すかぎり海上は軽石で閉ざされてしまった。そのため、多くの船が航行の自由を失い、立ち往生したという。

一連の噴火を通じて、噴出した溶岩や降下噴出物の総量は、約2・2立方キロメートルと推定されている。この量は、１９９０〜１９９５年の雲仙普賢岳噴火による噴出物量の約10倍に相当し、富士山の貞観噴火（８６４年）と宝永噴火（１７０７年）とを合わせた量に匹敵するという。

一般に火山の大噴火が起きると、周辺地域では、地盤の変動が発生する。桜島では、大正の大噴火のさい、大量のマグマを放出したため、桜島および鹿児島湾北部の地盤は、数10センチから最大2・6メートルも沈下した。そのため、鹿児島港では、噴火の開始から1か月後にも、潮位が40〜50センチ上昇したことが確認されている。

「住民ハ理論ニ信頼セス」

桜島では、大噴火による死者・行方不明者は30人であった。巨大噴火だったわりには、人的被害は比較的少なかったといえよう。

これは、大噴火の前に発生したさまざまな異常現象を目のあたりにして、多くの島民がいち早く避難したことにもよる。おそらく、130年以上前に起きた安永大噴火の教訓が、人びとのあいだに伝承されていたためと思われる。

死者30人のうち20人は、対岸まで泳ぎつこうとして、冷たい冬の海で溺死した人たちであった。

一方、避難が遅れて被災した島民は、鹿児島測候所の見解を信じて島に残っていた、おもに知識階級の人びとであった。

1月12日に大噴火が発生する前、異常現象が多発しているなかで、東桜島村長・川上福次郎は、鹿児島測候所に何回も問い合わせたのだが、そのたびに測候所からの回答は、「桜島ニハ噴火ナシ」ということであった。

当時の測候所には、旧式の地震計が1基あっただけであり、地震や火山の専門家もいなかった。また、日本の火山学そのものも、まだ貧弱な時代であった。

当時の鹿児島測候所長・鹿角義介は、翌月発行の『気象集誌』に次のような報告を載せている。

「一月十一日午後八時ごろ、東桜島村長に地震に伴う異変の有無を電話で聞いたところ、地震が強く、かつ多いほかは何等の現象なしとのこと。私は、火山的地震であることは認めたが、桜島火山に異変がおこるかどうかは科学的には分からぬが、恐らくこのようなことはないだろうと村長に答えた」。

桜島爆発記念碑

測候所が最後まで「桜島に噴火の恐れなし」と言いつづけたため、県庁や警察など行政の対応も遅れた。災害のあと、大噴火の発生を予見できなかったことに対して、社会の不満が爆発し、測候所は激しい非難を浴びたのである。

いま鹿児島県内には、桜島の大正大噴火に関わる記念碑が、50基ほど確認されているが、なかでも注目を浴びているのは、東桜島小学校の校庭に建てられた「桜島爆発記念碑」であろう。高さ2・5メートルほどのこの石碑は、大噴火から10年後の1924年（大正13年）、川上村長の後任にあたる野添八百蔵が建立したものである。

測候所の回答を信じて、住民に「避難するな」と呼びかけていた川上は、その無念の思いから、「住民は、桜島の異変を知ったなら、測候所を信頼せずに直ちに避難せよ」という趣旨の記念碑を建立することを念願していた。しかし川上は、その思いを果たせずに死去したため、後任の野添がこの記念碑を建立したのである。

石碑の裏の碑文には、次のように記されている。

「大正三年一月十二日桜島ノ爆發ハ安永八年以来ノ大惨禍ニシテ全島猛火ニ包マレ火石落下シ降灰天地ヲ覆ヒ光景惨憺ヲ極メテ八部落ヲ全滅セシメ百四十人ノ死傷者ヲ出セリ、其爆發数日前ヨリ地震頻發シ岳上ハ多少崩壊ヲ認メラレ海岸ニハ熱湯湧沸シ舊噴火口ヨリハ白煙ヲ揚ル等刻刻容易ナラサル現象ナリシヲ以テ村長ハ數回測候所ニ判定ヲ求メシモ櫻島ニハ噴火ナシト答フ、故ニ村長ハ残留ノ住民ニ狼狽シテ避難スルニ及ハスト諭達セシカ間モナク大爆發シテ測候所ニ信頼セシ知識階級ノ人却テ災禍ニ罹リ村長一行ハ難ヲ避クルノ地ナク各身ヲ以テ海ニ投シ漂流中山下収入役大山書記ノ如キハ終ニ悲惨ナル殉職ノ最後ヲ遂グルニ至レリ、本島ノ爆發ハ古来歴史ニ照シ後日復亦免レサルハ必然ノコトナルヘシ、住民ハ理論ニ信頼セス異變ヲ認知スル時ハ未然ニ避難ノ容易尤モ肝要トシ平素勤倹産ヲ治メ何時變災ニ値モ路途ニ迷ハサル覺悟ナカルヘカラス、茲ニ碑ヲ建テ以テ記念トス　大正十三年　東櫻島村」（読点は筆者挿入）

「住民ハ理論ニ信頼セス」と記されていることから、この石碑は「科学不信の碑」としても知られているのである。

黒神の「埋没鳥居」

降下噴出物による被害

噴火による農作物の被害も甚大であった。溶岩流に埋まった土地では、当然のことながら農作物が全滅、軽石や火山灰に覆われた地域でも、麦類が全滅し、葉菜や根菜も壊滅状態となった。

さらには、山地に厚く降り積もった火山灰が、2月8日、15日、3月6日、23日と、度重なる大雨によって土石流となり、田畑を埋め、家屋を押し流したりした。とりわけ大きな被害に見舞われたのは、火山灰に厚く覆われた大隅半島側で、垂水村や牛根村、東串良村などの状況は悲惨をきわめた。

たとえば、3月6日の大雨による災害の模様について、『桜島大爆震記』には、次のように記されている。

「三月六日夜の大豪雨は、肝属(きもつき)郡垂水村各河川ともおびただしき増水を来し、洪水と変じ、家屋多数を流失せしめ、死者二名、行方不明数名を出し、垂水村に避難中の桜島罹災民収容所にては、爆発当時同様の騒擾(そうじょう)を演出し、いづれも悲鳴をあげて避難したるが、仝村海潟の協和小学校に収容し居れる小学児童三名は、洪水に押し流されて無惨の溺死を遂げたり。同郡串良川は五尺増水し、上流より橋梁、木材、軽石等おびただしく流下し、青年会、消防組等協力して防衛したる甲斐あらず、豊榮橋はめりめりと大音響を発して流失し、県道は人馬の交通途絶さるるに至れり」

このように、大量の軽石や火山灰が土石流によって流出したため、河床が上昇し、いたる所で河川が氾濫したのである。この夜の災害では、死者6人、住家の流失18棟、埋没9棟と記録されている。

このような水害や土砂災害は、10年近くも続いたという。火山がひとたび大噴火を起こすと、その影響がいかに長く続くかということを物語っているといえよう。

流言の発生

大噴火の始まった1月12日の夜、Ｍ７・１の地震によって大きな被害のでた鹿児島市では、13日の午後になると、風向きが変わったために、全市が激しい降灰に見舞われ、暗黒の巷と化してしまった。

そのうえ、「津波が来る」とか「毒ガスが襲来する」などの流言が飛びかい、混乱に拍車をかけた。流言を信じた多数の市民が、高台や遠方へと避難していったため、鹿児島市内は一時無人状態になったという。

流言による混乱を懸念した第七高等学校の篠本二郎講師（地質学・鉱物学）は、「津波や毒ガスの心配はない」との見解を、門前に張りだして鎮静化に努めたのだが、情報を伝えるべき新聞社そのものが被災していたため、その打ち消し情報が市民の耳目に達することはなかった。

1月16日になって、現地調査のため訪れていた地震学者の大森房吉博士（東京帝国大学教授）が、「鹿児島市に危険なし」と言明したので、混乱は収拾に向かい、市外に避難していた市民も次第に帰りはじめ、25日にはほぼ平常に復したという。

大噴火その後

大災害のあと、各方面から救援の手がさしのべられた。

鹿児島県は、湾内に停泊していた大小の船を、救護船として直ちに桜島へと向かわせた。佐世保の海軍も、噴火当日の夜には艦船を出港させ、翌日には桜島に到着して救助活動にあたった。日本赤十字社の鹿児島支部は、救護班を編成して、傷病者の看護にあたらせた。一方、垂水村をはじめ対岸の村々からは、多くの漁民や青年団の若者たちが、救助船を出している。

対岸の市町村に避難した人びとは、おもに学校とか神社や寺に収容された。地元住民が、炊き出しや怪我人の介護などにあたったことはいうまでもない。

鹿児島県当局も、避難所費や食糧費などを支出している。商工会議所や日本赤十字社なども、義援金を集めて支援にあたった。

この大噴火によって、溶岩流に埋まり、家も土地も失った人、降灰のため農耕ができなくなった人が多数発生した。そのような人びとは、桜島を捨てて移住しなければならなかった。

彼らの移住先は、大隅半島や種子島、霧島山麓、朝鮮全羅道などであった。その多くが原野であったため、開墾は困難をきわめ、避難した人びとは、困窮に耐えながら、辛うじて新しい生活に順応していったのである。

大正の大噴火以後、桜島火山は、１９４６年（昭和21年）にも溶岩を流出する噴火を発生させている。

しかし１９６５年（昭和30年）以降、山頂火口から中小規模の爆発を起こすようなタイプの活動に変わってしまった。

　近年も桜島は、年間８００～９００回の爆発を起こしている。しかし桜島火山は、いつまた大正規模の大噴火を起こすかわからない。

　しかも現代は、１９１４年当時とは社会環境も全く異なっていて、火砕流、溶岩流による被害をはじめ、噴出された大量の火山灰が、道路や鉄道、航空機などの運航に重大な支障をもたらすことが予想される。

　その意味でも、桜島の大正大噴火は、今後の日本列島における火山噴火に対して、重要な防災指針を示したものと受けとめなければならないであろう。

第4章　有珠山の噴火史

1　寛文から明治までの噴火

寛文・明和の噴火

有珠山は、1万5、000～2万年ほど前に、洞爺カルデラの南縁に誕生した活火山で、現在の山頂部は、直径約1・8キロの外輪山に囲まれた火口原に、大有珠、小有珠などの溶岩ドームや、オガリ山、有珠新山などの潜在ドームがひしめいている。

誕生以来、有珠山は噴火を繰り返しつつ、成層火山として成長してきたが、約7、000年前に山頂部が大崩壊を起こし、大量の岩屑なだれが南西斜面を流下して、内浦湾に流入し、多数の流れ山を形成した。

その後、長期にわたる活動休止期を経て、噴火を再開したのは、1663年（寛文3年）のことであった。

このときの噴火は、歴史時代最大規模のもので、大量の軽石や火山灰を噴出、その量は約18億5、000万立方メートル（東京ドーム約1、500杯分）にも達した。降下堆積した厚い軽石の層は、有珠山周辺の各所で観察することができる。山頂部にある小有珠の溶岩ドームは、この噴火のさいに生じたものである。

高温の噴出物によって、山麓の民家が焼失し、5人の死者がでている。

17世紀初頭に松前藩が開かれてから、とりわけ道南地方には、和人（本州系日本人）が多く住みつき、いわゆる蝦夷地の支配を進めてきた。そのため、有珠山の噴火について書かれた記録は、数多く残されている。それらの記録を読み解くとともに、有珠火山の噴出物調査が進められてきた結果、江戸時代以降に起きた噴火の状況が、次第に明らかになってきた。

それによると、寛文の大噴火（1663年）から2000年の噴火まで、有珠山は、江戸時代に5回、明治以降4回と、計9回噴火している。いずれも、粘性の高いマグマの活動によって、溶岩ドームや潜在ドームを形成してきた。

江戸時代5回の噴火のうち4回は、書かれた記録が残されていて、詳細を知ることができるが、記録は存在しないものの、近年の噴出物調査から、17世紀末にも噴火したことが明らかになった。記録が見つかっていないのは、寛文の大噴火によって、有珠山周辺は不毛の地となり、居住者が皆無だったためとも考えられている。

次の噴火は、1769年（明和5年）に発生した。この噴火に関する史料は比較的乏しいのだが、『蝦夷山焼記』には、「一面に火降り其節タハ風にてヲサルベツ辺長屋不残（のこらず）焼失いたし候由」と記されていて、火砕流によって、多くの家屋が焼失したことを示すものと考えられている。実際に、このときの火砕流堆積物は、南東山麓に広く分布している。

文政の大噴火

有珠山の噴火史上、最大の犠牲者をだしたのは、1822年（文政5年）の大噴火である。このときの模様については、有珠善光寺の役僧が綴った『役僧日記』や『大臼山焼崩日記』に詳しく記されている。

山頂からの火砕流が、南西山麓にあったアブタ集落（現・洞爺湖町虻田入江地区）を襲ったのである。ここには当時、アイヌの人びとなど270人ほどが居住していた。

この年、3月9日（旧閏1月16日）から、地震が頻発しはじめ、3月12日に有珠山の噴火が始まった。アイヌの人びとは、山に向かって祈りつづけたのだが、噴火は次第に激しさを増していった。

3月15日の未明からは、大噴火となって猛火を噴き上げ、火の玉が、あたかも無数の流星のように四方へ散乱したという。その後、いったんは小康状態になったものの、山の鳴動が止むことはなかった。

3月20日ごろからは、前にもまして激しい噴火となり、山頂からの火炎も拡大した。

3月23日（旧2月1日）の朝6時すぎ、百千の雷が一時に落下したような轟音が、あたりを揺るがせた。

「召使徳次顔色ヲ変シ注進ニ来、今暁六半時御山鳴動、前々二百千倍、焼石焼灰猛火一面ニ溢レ出、見渡シ候所、ヲシヤル別辺ヨリフレナイ迄、草木ニ至迄、悉ク焼払、アブタ御詰合並会所、御用武器蔵、御囲ヒ米蔵、牧士家々、御厩、夷人家等数百棟一時ニ焼失仕、広々タル野原ト相成、夷人和人難見分体ニ焼爛レ、処々ニ転ビ伏シ、声々ニ助ケテヨ泣キ叫ビ居候得共、烟深ク立寄ガタク――」（『大臼山焼崩日記』読点は筆者挿入）

この記事は、大規模な火砕流の発生したことを物語っている。有珠山の南麓から南西麓にかけて、森林がすべて焼き払われるとともに、アブタ集落の数百棟が瞬時に焼け、和人もアイヌ人も見分けがつかないほどに焼けただれ、各所で救いを求める声が上がっていると述べているのである。

また『役僧日記』には、幸助という船頭が、激しい煙風に吹き飛ばされて海中に入り、石を抱いてしばらく沈んでいたが、息が苦しくなったため、海面に顔をだしたところ、首筋から上が、たちまち焼けただれてしまったという記述がある。これは、高温の火砕サージが、海面を走ったことを意味しているのであろう。

このときの火砕流によって、アブタの集落は全滅し、死者82人をだす災害となった。

山頂部にあるオガリ山潜在ドームは、この文政大噴火のさいに生じたものと考えられている。

嘉永の噴火

文政の大噴火から31年を経た１８５３年４月（嘉永６年３月）、有珠山はまたも大噴火を始め、約５か月間つづいた。

このときの状況について、『北海道史』は、『松前氏略家譜』からの引用として、次のように記述している。

「嘉永六年三月五日より有珠岳鳴動地震、日を経るに従ひ漸く烈しく十五日遂に噴火し、有珠・虻田の和人・夷人東西に避難せり。四月十三日（或は三月中と云ふ）熔岩湧出し、凝結して山頂に一高峰を生ぜり、後之を大有珠岳と呼ぶ」。

ここに記されている、山頂部に生じた大有珠岳というのは、現在の大有珠溶岩ドームを指している。

山頂部の東側で始まったこのときの噴火でも、火砕流が発生した。火砕流堆積物は、有珠山の東から北の山麓に分布している。しかしこの噴火では、幸い人的被害はなかった。集落のあった南～南西側に、火砕流が流下しなかったためである。

このように、江戸時代にあたる17世紀から19世紀までの有珠山の噴火は、いずれも山頂噴火であり、うち3回（明和、文政、嘉永）は、火砕流を発生させてきたのである。

明治の噴火

20世紀に入ってからも、有珠山はほぼ30年前後の間隔で噴火を繰り返してきた。

1910年（明治43年）、有珠山の北麓、洞爺湖に面した地域で、新たな噴火が始まった。この年の7月19日から、有珠山周辺で地震が頻発しはじめ、次第に激しさを増していった。24日には、M6・5の最大地震が発生し、虻田では家屋15棟に被害がでた。

地震活動は、25日の夕方からやや衰えを見せはじめたが、22時30分ごろ、金毘羅（こんぴら）山の山腹から水蒸気噴火が発生し、黒煙が空高く上昇した。

翌26日、金毘羅山の東南東、空滝沢付近で爆発が起きて、２個の新火口を生じ、そのうちの１つから泥流が発生して、洞爺湖に流れこんだ。

27日になると、金毘羅山から６００メートルほど東に離れた西丸山の付近で、新たな水蒸気噴火が発生、直径90メートルもの爆裂火口を生じた。この火口からも高温の泥流が発生し、住民１人が巻きこまれて死亡した。

以後、東南東に向かって次々と火口が開き、約２週間にわたり激しい噴火がつづいた。ほぼ一列に並んだ多数の火口から、いっせいに噴煙が立ちのぼるさまは、あたかも大工業地帯を目のあたりにしたかのような光景だったという。

この間、西南西～東北東の約２・７キロにわたって、合計45個の火口が開き、うち６個の火口から熱泥流が流下し、その一部は民家や農地を埋没した。泥流堆積物の厚さは、最大２メートルに達したという。

８月１日ごろ、火口列の中央付近で、土地が数メートル隆起しているのが見つかった。激しい噴火は治まったものの、土地の隆起はその後も進行し、11月ごろまでには、１０００×７００メートルもの広さの土地が、約１７０メートル隆起して、新山を形成した。地下から上昇してきたマグマが、次第に地表を押し上げて生じた「潜在ドーム」である。

この新山は、明治43年に誕生したため、「四十三山（よそみやま）」と命名され、「明治新山」とも呼称されている。

住民を救った警察署長

明治の噴火のとき、当時の室蘭警察署長だった飯田誠一が、噴火の発生する直前に、危険地区の住民を避難させていたことは、のちのちまでの語り草になっている。

飯田は、有珠山の地震活動が始まってから5日目の7月23日、有珠山周辺の3市町村、約1万6、000人に対して、山から3里以遠に避難するよう、強制退避つまり避難命令を発したのである。

飯田は以前、警察監獄学校時代に、高名な地震学者であった大森房吉博士から、火山の周辺で地震が頻発しはじめたときには、近く噴火の発生する恐れがあることを学んでいた。そのため、地震活動が日ごとに激しくなっていく状況を前にして、避難命令を決断したのである。

そして有珠山は、2日後の7月25日に噴火を開始したのだが、飯田の機転によって、住民の避難は完了していた。警告を無視して立ち入っていた1人が、熱泥流の犠牲になった以外、人的被害は発生しなかったのである。

一個人の判断とはいえ、火山が噴火する前に、危険地区の住民が避難を終えて被災を免れたのは初めての事例であり、画期的なことだったと評価されている。

明治の噴火のあと、１９１７年（大正６年）に、洞爺湖の湖岸で42℃前後の温泉の湧いているのが見つかった。やがてそこは、鄙びた温泉場となり、戦後になると大発展を遂げて、洞爺湖温泉街という、北海道有数の温泉観光地へと変貌してきたのである。

2　昭和新山の誕生

地震頻発と地盤の隆起

明治の噴火から33年を経た１９４３年（昭和18年）12月28日の19時ごろ、有珠山の北麓一帯で有感地震が頻発しはじめた。洞爺湖温泉街では、不気味な地鳴りを伴って、強い揺れが続いたため、住民が避難するほどの騒ぎになった。

翌29日には、地震は1日で約２００回を数え、人家の壁や水道管に亀裂が入るなどの被害を生じた。

年が明けると、地震の震源は次第に有珠山の東麓へと移動しはじめ、1月6日以後は壮瞥(そうべつ)村

（現・壮瞥町）で著しい揺れを感じるようになった。

地震の頻発とともに、地盤の隆起が始まった。そのため、地表に亀裂や段差を生じて、民家や道路、鉄道線路などに被害が目立ちはじめた。

その後、１９４４年3月から4月にかけては、地盤の隆起速度が、１日平均30センチにも達した。土地の隆起によって、家屋が傾いたり、井戸水が涸れたり、川の流路が変わるなどの被害がではじめた。

この隆起地帯を走っていた胆振(いぶり)縦貫鉄道（のちの国鉄胆振線）は、線路がじわじわと盛り上がりつづけたため、以後たびたび線路を付けかえねばならなくなった。

太平洋戦争のさなかだった当時、この鉄道は、軍事物資の鉄鉱石を、内陸から室蘭の製鉄所に運ぶ重要な路線だったため、付けかえ工事は、軍部の至上命令で行われた。工事を進めるために、多数の住民が駆りだされ、変動する地盤との闘いは、終戦の時まで続いたという。

１９４４年の5月に入ると、隆起の中心は、東九万坪と呼ばれる農地に移動した。麦畑に無数の亀裂が走りはじめ、数えきれないほどの段差がついて、あたかも三角波が立ち並んだようだったという。隆起の進行とともに、緩やかだった斜面が、急傾斜地に変わってしまった所もあった。

隆起地域での地震活動も急速に活発化し、フカバに設置された地震計は、６月20日に１２０回、21日には２３０回、22日には２５０回もの地震を観測した。

麦畑から噴火発生！

こうした状況が続いているさなかの６月23日朝、すでに50メートルも隆起していた麦畑の中から、突然に噴火が始まった。激しい水蒸気噴火で、噴煙は約１、０００メートルの高さに達し、火山灰が周辺に降りそそいだ。

フカバをはじめとする周辺集落の住民は、大騒ぎとなったが、警察や村役場は、「避難するか否かは、個人の自由」と公告した。しかし、住みなれた土地への執着から、ほとんどの住民は、傾いたままの家に踏みとどまっていたという。

そこへ27日の早朝、２回目の爆発が発生、さらに７月２日の深夜０時半ごろ、規模の大きな３回目の爆発が起こり、噴煙が２、０００メートルもの高さに立ちのぼるとともに、噴石を半径１キロにわたって降下させた。

周辺には、大量の火山灰が降りそそぎ、森林や農地を覆いつくした。そのため、噴火地点に近いフカバ地区などの住民は、ついに家を捨てて避難する羽目となった。

7月2日からは、活動はいちだんと激しくなり、高温のマグマが、地下水に直接触れて起きるマグマ水蒸気噴火が発生し、噴出物にマグマ物質が含まれるようになった。

7月11日の噴火では、火砕サージが発生して洞爺湖岸を襲い、森林や家屋を破壊した。

このような噴火活動は、この年の10月31日まで4か月以上も続き、その間17回の大爆発とともに、7つの火口が開いて、最大のものは、直径180メートルにも達していた。

噴火が続いているあいだにも、土地の隆起は進行した。地下のマグマが上昇してきては、地表を押し上げていたのである。

もともと海抜100メートルあまりだった畑地が、10月の下旬には250メートルほどの台地状の小山に変じていた。この小山は、1910年に生じた「明治新山」と同様の潜在ドームで、その形状から、やがて「屋根山」と呼ばれるようになる。

もし有珠山の活動が、この段階で終わっていたなら、のちに世界的な注目を集める事態にはならなかったであろう。

溶岩ドーム出現

その後、爆発的な噴火は治まったものの、11月下旬になると、屋根山の中央部に、ピラミッド状の岩体の出現しているのが認められるようになった。マグマそのものが、地表を突き破って姿を現したのである。粘性の高いマグマが、屋根山の上に盛り上がって、溶岩ドームを形成しはじめた。

溶岩ドームは、もともと基盤を形成していた礫層や凝灰岩などのブロックを、その上に乗せながら成長をつづけた。1日に約60センチの速度で上昇しつづけたという。

昭和新山

終戦の翌月にあたる1945年（昭和20年）9月20日に活動を停止したときには、溶岩ドームの頂部は、海抜406・9メートルに達していた。

戦後、この溶岩ドームは、「昭和新山」と名づけられ、洞爺湖温泉街とともに、北海道有数の観光地となっていることは、周知のとおりである。

昭和新山形成にいたるまでの2年9か月にわたる有珠山の活動を、専門家は3期に分けている。

第1期は、1943年年末の地震発生から、1944年6月22日まで、地震活動と地盤の隆起で特徴づけられる「先噴火期」。

第2期は、水蒸気噴火が発生した6月23日から10月31日までの「爆発期」。第3期は、1945年9月20日まで、11か月にわたる「溶岩ドーム生成期」とされている。

激しい火山活動が続いたにもかかわらず、乳児1人が火山灰によって窒息死した以外に犠牲者はでなかった。

戦時中の報道管制下で

昭和新山が誕生するまでの期間は、まさに戦時中であった。そのため、軍部による報道管制が厳しく、新山誕生の事実が国民に知らされることはなかった。

第2期にあたる爆発の頻発時には、警察の伊達署長名で、「安心セヨ」、「流言ヲ慎ムベシ」などという告示が出されていたという。

北海道の火山で、しばしば噴火が起き、やがて地表に新山が誕生したなどという重大な地変を、当局はひた隠しにしたかったのである。

しかし、軍や警察にとって悩みの種だったのは、夜空を彩る溶岩ドームの光であった。当時、米軍機による本土空襲が活発化していて、家々の灯火管制が厳しく行われていた。にもかかわらず、夜空に赤々と輝く溶岩ドームは、敵機にとって絶好の目印になる。しかも近くには、軍需工業都市の室蘭がある。溶岩ドームの光が、室蘭空襲の目じるしになるのではないかと、軍部は恐れたのである。

そこで、溶岩ドームの火を何とか消すことはできないものかと思案した軍の関係者は、「洞爺湖の水を大量にかけて、火山の火を消せ」と、無理難題を地元にもちかけたという話もある。

このような時代であったから、北海道に新山が誕生したという情報を、私たちが知りえたのは、終戦から２か月あまり経った10月22日の新聞記事によってであった。

「ミマツダイヤグラム」

一方、新しく出現した溶岩ドームなどについて、専門家が現地調査を実施するにも、さまざまな困難がつきまとっていた。わずかに、一部の火山学者や地元の有志によって、観測・調査が行われ、多くの貴重な成果が得られている。

なかでも、壮瞥の郵便局長をしていた三松正夫氏は、新山誕生にいたる一連の経緯を克明に記録し、のちに『昭和新山生成日記』としてまとめ出版した。

満足な測量器具やフィルムなども手に入りにくいなかで、三松は新山周辺を精力的に踏査し、創意工夫をこらした方法で、新山の成長を記録しつづけた。絵が得意だった彼は、噴火の開始

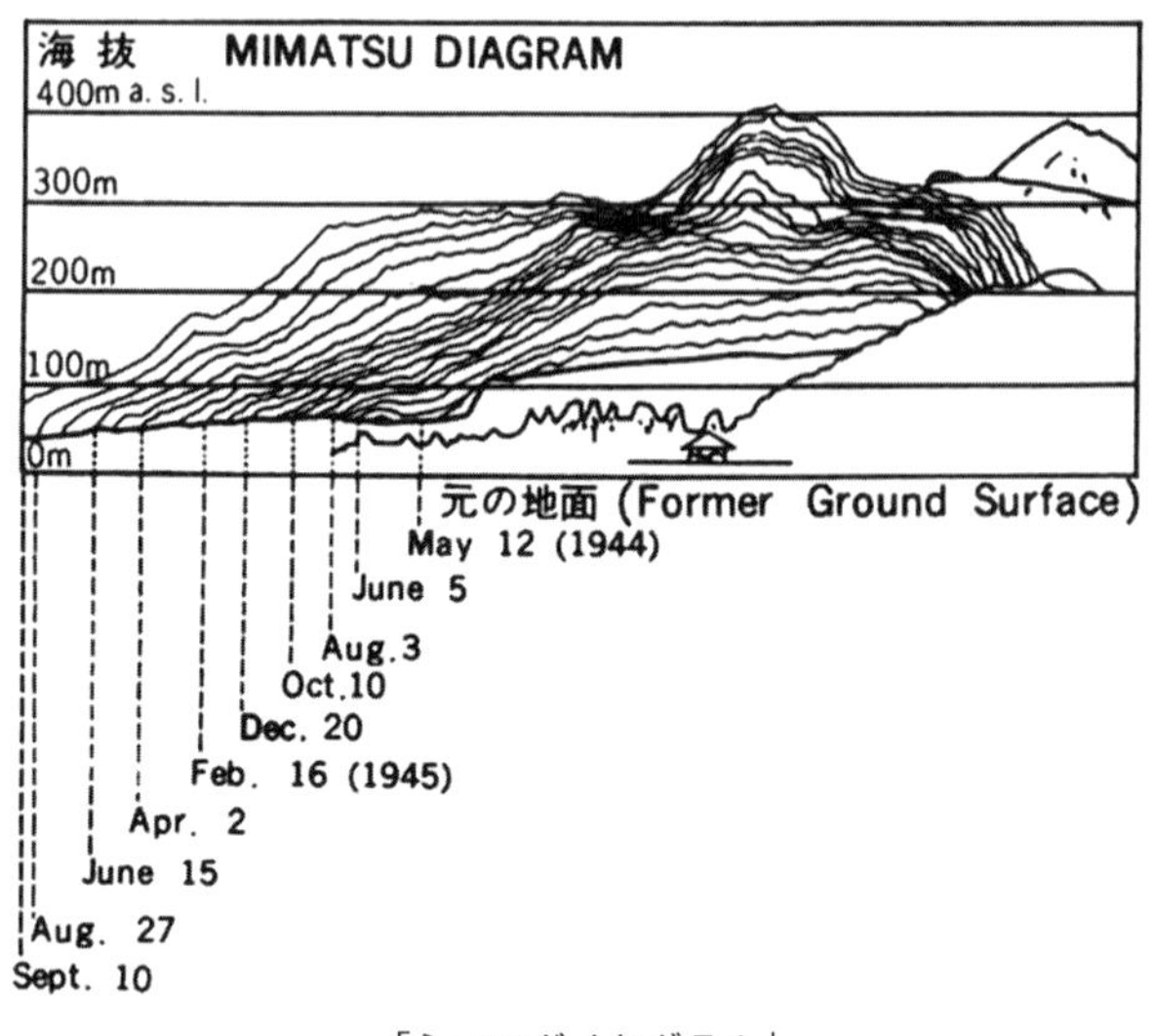

「ミマツダイヤグラム」

前から新山の生成にいたるまで、29枚にも及ぶ詳細なスケッチを残している。

彼はまた郵便局舎の裏庭に、魚釣り用のテグスを数本張り、それを座標にして、ほぼひと月ごとに新山が成長する模様を描いた1枚の断面図をつくりあげた。

この断面図は、1948年にノルウェーのオスローで開かれた国際火山学会で紹介され、世界の科学者から絶賛を浴びたのである。

新山が成長していく経緯が、1枚の図面に記録された貴重な資料として、「ミマツダイヤグラム」と命名することが提唱され、万雷の拍手をもって承認されたという。

ミマツダイヤグラムは、一民間人の手による重要な火山観察記録として、後世に伝えられている。

3　'77噴火と有珠新山の誕生

相次ぐ軽石噴火

昭和新山を形成した噴火から32年後、有珠山は再び活動を開始した。1977年のことだったため、'77噴火と呼ばれている。

1977年（昭和52年）8月6日の朝5時すぎ、壮瞥温泉の住民から、「5分から10分おきに、ドーンという音が聞こえており、昭和新山が誕生したときの状況に似ている」という電話が、室蘭地方気象台に寄せられてきた。

同気象台が、有珠外輪山に設置されていた地震計の記録を調べたところ、すでに3時30分ごろから、火山性地震の頻発していることがわかった。有珠山北麓の洞爺湖温泉でも、雷か大砲のような鳴動とともに、有感地震を感じるようになっていた。

夜に入って、20時ごろからは、地震回数が加速度的に増加した。いずれも、震源の浅い地震の群発であった。

翌8月7日の朝には、山頂部・小有珠溶岩ドームの東側で、地盤の隆起による断層の生じていることが、緊急パトロールによって発見された。地下からのマグマが上昇してきていることを示していたのである。

そして9時12分、小有珠の付近で激しい噴火が始まった。大量の軽石を噴出するタイプの噴火であった。

噴煙柱は、快晴の空へ向かって一気に上昇し、10時40分には、高さ12キロの成層圏にまで達した。噴出した軽石や火山灰は、偏西風に乗って有珠山の東麓に降り積もった。

山麓では、爆発音が連続して聞こえ、空震も感じられたという。この最初の噴火は、開始から2時間後の11時13分ごろ、いったん終息した。

1977年有珠山の噴火

しかし、翌8月8日から9日にかけて、相次いで噴火が発生した。8日には、午後と深夜に1回ずつ大きな噴火があり、とくに15時半ごろの噴火では、北麓の洞爺湖温泉街に大量の軽石が降りそそいだ。軽石は、親指大のものから、直径30センチほどのものもあり、煙を吐きながら飛来する石もあった。温泉街はパニック状態に陥ったが、このときの軽石降下は、約30分で治まった。

ところが、８日の深夜から９日未明にかけて、３回目の噴火が発生、大雨のなか、温泉街に再び大量の軽石や火山灰が降りそそいできた。この状況を受けて、虻田町長は、深夜０時半、洞爺温泉街の住民に避難指示を発令した。

約４，３００人の住民のうち、温泉街に踏みとどまっていた約２，５００人は、自衛隊の輸送車や路線バスに分乗して、虻田本町の体育館などに避難していった。

このときの火山灰は、折からの南風に乗って、札幌市にまで達し、市内にうっすらと堆積している。

さらに８月９日の昼、一連の活動のなかでは最大規模の噴火が発生し、１，０００メートル以上離れた有珠山ロープウェイの山頂駅周辺に、巨大な岩塊が降りそそいで、駅舎の屋根に大穴が開いた。幸いロープウェイは運転されていなかったので、人的被害は免れた。

８月７日から９日までの４回の噴火で、山頂部には、４つの火口（第１～第４火口）が誕生した。そのうち、9日に開いた第4火口が最大であった。

これら4回の大規模な噴火の合い間にも、小噴火がたびたび発生し、8月7日から14日までのあいだに、大小合わせて16回の噴火が起きている。

この間に降り積もった軽石や火山灰の厚さは、山頂部で約1メートル、山麓では、噴火時の風向きによるものの、30～50センチに達し、総噴出量は、約8、300万立方メートルと推定されている。

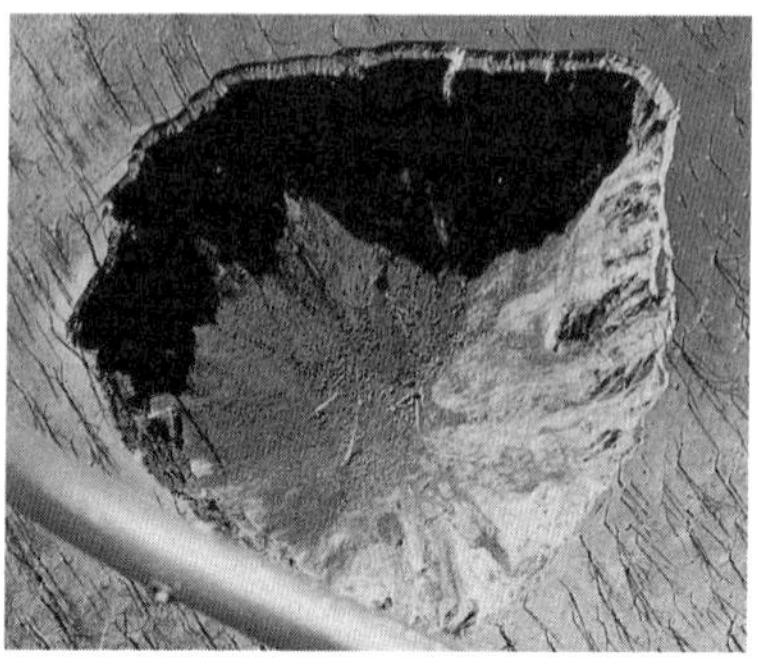
8月9日に開いた第4火口

火山灰による森林被害

軽石や火山灰の降下による農作物や森林の被害は、甚大であった。被害額は、農作物で約120億円、森林で約130億円と見積もられている。
とくに、降雨のなかでの噴火があったため、雨水を含んだ火山灰は、セメント状に固まって重くなり、森林の木々は、その重圧に耐えかねて折れ曲がり、壊滅状態となってしまった。その姿が、当時日本中の話題をさらっていた海洋生物、「ニューネッシー」に似ていたことから、被災した森林地帯は「ネッシー地帯」とも呼ばれたほどである。

一方、洞爺湖温泉街では、降り積もった火山灰の重みで、建物が潰れる被害がでた。住宅や保育所など12棟が全半壊し、倉庫や車庫など33棟が潰れた。

こうして、８月７日に始まった有珠山の噴火は、周辺に多大な影響を与えつつ、８月14日には、いったん小康状態になった。しかし火山活動は、この後も、かたちを変えつつ継続していったのである。

新山隆起

夏の盛り、それも北海道の観光シーズンの最盛期に噴火に遭遇した洞爺湖温泉街は、客を失ったうえに大量の軽石の洗礼を受け、住民は避難、街は一時ゴーストタウンと化してしまった。

絶えまなく起きる地震で、とくに大有珠溶岩ドームの山頂からは落石がつづき、大有珠の山頂にあった名物の前立岩も崩壊してしまった。地震は、多い日には１日に１、０００回をこえることもあったという。

一方、火山活動は、8月14日の軽石噴火を最後に、いったん小康状態となった。1週間あまりにわたって続いたこれまでの活動は、「第1期噴火」と位置づけられている。

しかしその後も、マグマの上昇は続き、地震も頻発した。山頂部にあたる火口原中央部の隆起も進行し、噴気地帯も徐々に拡大していった。

噴火直前に出現した断層は、小有珠からオガリ山、大有珠にかけて発達し、その北東側が次第に隆起しはじめた。

現実に、第1期噴火が小康状態になった8月14日の朝、外輪山の縁から、見かけない小山が顔をだしているのを、地元住民が見つけている。地表近くまで上昇してきたマグマが、地盤を隆起させて、新山を形成しはじめたのである。

1977年の噴火で、山頂部の火口原に誕生した新山は、噴火の開始から約2か月半で40〜50メートルも隆起した。一方、小有珠溶岩ドームは、この間50メートル以上も沈下した。

地盤の変動が招いた災害

11月16日、火口原で新たな水蒸気噴火が発生、活動は、翌1978年10月27日まで続いた。「第2期噴火」である。

地表に近づいてきた高温のマグマと、火口原内の地下水とが接触して発生したマグマ水蒸気噴火で、14個の火口が開いた。とくに1978年9月12日の噴火では、火口原にあった銀沼が消え失せ、そのあとは大きな火口となった。「銀沼火口」と呼ばれている。

一方、新山を押し上げてきたマグマの力によって、有珠外輪山の北側斜面は、北～北東方向に少しずつ膨らみはじめていた。つまり、北外輪山から麓までの地表が、洞爺湖に向かって少しずつせり出しはじめたのである。その速さは、1977年9月の時点で、1日平均約50センチに達していた。表面現象としては、巨大な地すべりの発生である。

次第に潰れていく三恵病院

その影響は、さまざまなかたちで地表に現れてきた。地すべりの土塊が、ブロックごとに移動する速さが異なるため、その境い目に断層を生じ、断層をまたいで建っている建物は、次第に食い違い破壊されていった。

壮瞥温泉地区にあった三恵病院（鉄筋3階建て）は、じわじわと進む地盤の変動によって亀裂が入り、次第に拡大して、最初に1階が潰れ、次いで2階も潰れて、ついに倒壊するにいたったのである。

そのほか、病院やホテル、一般住宅にも重大な被害を生じ、全壊74戸、一部損壊162戸に達したという。また、各所で水道管や温泉パイプがちぎれたり、道路に屈曲や凹凸を生ずるなどの被害がでた。

一方、潜在ドームである新山の隆起は続いた。隆起の速度は、次第に小さくなっていったが、噴火開始から4年後の1981年8月でも、1日平均1センチ近くの割合で隆起を続けていたという。この間に、新山は180メートル以上も隆起したのである。

この新山に、どのような名前をつけるのか、地元の2つの町（壮瞥町・虻田町）が、それぞれに自分の町名に因んだ名前を主張したため時間を要したが、3年後にようやく「有珠新山」と命名することに決まった。

二次的泥流災害の発生

有珠山の噴火以後、最も恐れられていたのは、泥流による被害であった。斜面に降り積もった軽石や火山灰などの噴出物が、大雨とともに流れだして、泥流・土石流を発生させることに対する懸念である。

事実、噴火直後から、大雨が降るたびに、南麓を中心に小規模ながら泥流が発生して、農地や農業施設に被害をもたらしていた。

とくに、8月16日から9月にかけて、南麓の泉地区などで、4回の泥流が発生した。このときの泥流には、直径2メートルもの岩塊が含まれていたという。これは、上流域で土地の荒廃が進んでいることを示唆していると考えられ、やがては大規模な泥流の発生する可能性が高いとして、警戒が続けられていた。

1978年になると、春ごろから洞爺湖に面した北斜面でも泥流が発生しはじめた。そして、第2期噴火が沈静化に向かいつつあった10月24日の夜、10分間に21ミリという局地的豪雨が、有珠山周辺を襲った。

この豪雨によって、山腹に厚く降り積もっていた大量の火山噴出物が、大規模泥流となって洞爺湖温泉街に襲来した。温泉街の木の実団地や虻田町職員住宅などが直撃され、死者2人、行方不明者1人をだす災害となったのである。鉄骨3階建ての木の実団地は、3メートルの高さまで、押し寄せてきた土砂に埋まってしまった。

このときの泥流によって、洞爺湖温泉街と壮瞥温泉街で、住宅7棟が全半壊し、浸水家屋は100棟をこえたという。この泥流災害は、火山噴火がもたらした二次的災害の脅威を物語るものであった。

　このように、1977年から翌年にかけて、洞爺湖温泉街は、有珠山の噴火によって度重なる打撃を受けた。噴火当初、大量の軽石降下によって危険にさらされた住民は、一時生活の場を失い、さらに翌年、温泉街を直撃した大規模泥流によって被災したのである。

　洞爺湖温泉街を空から眺めると、山頂のドーム群と温泉街との距離が、あまりに近いことに気づく。わずか2キロほどであろう。ひとたび噴火が起きれば、大量の噴出物が降りそそぐのは、当然の成りゆきともいえよう。

泥流に埋まった木の実団地

2000年噴火時の有珠山

　しかも、洞爺湖に面した温泉街の広がっている平地は、古来、度重なる泥流によって、有珠山の山腹から流下してきた大量の土砂によって埋め立てられてきた扇状地である（**写真参照**）。

ということは、ひとたび泥流が発生すれば、この扇状地をなめつくすことは、自然現象として当然の帰結であることを、地形ははっきりと物語っているのである。

１９７７年の噴火では、幸い火砕流は発生しなかった。しかし、過去を振り返ると、江戸時代に起きた山頂噴火のうち３回は、規模の大きな火砕流を流下させ、災害をもたらしている。

洞爺湖温泉街と溶岩ドーム群
（2000年噴火後に撮影）

その意味でも'77噴火は、周辺地域にとって、不幸中の幸いだったとみるべきであろう。

その後、有珠山は２０００年（平成12年）３月31日、山腹からマグマ水蒸気噴火を発生させたが、この噴火は的確に予知され、危険地区の住民は、噴火の前に避難を完了していたため、人的被害は全くなかった。

20世紀以降、平均30年前後の間隔で噴火してきた有珠山の周辺地域では、将来にわたって、火山の恵みと火山噴火がもたらす脅威との狭間で、いかに火山そのものと共生していくかが問われているといえよう。

第5章　火砕流災害

火砕流は、溶岩の破片や軽石、火山灰、火山ガスなどが、高速度で火山の斜面を流下する現象で、高温であるため、通り道にあたる所はすべて焼失してしまい、周辺地域に大災害をもたらすことが多い。

発生のしくみによって、火砕流は大きく3通りに分けられている。①溶岩ドームの一部が崩落して発生するメラピ型、②成長中の溶岩ドームが横なぐりに爆発して火砕流を生じるプレー型、③火口から立ちのぼった噴煙柱の一部が、そのまま落下して、火山斜面をあらゆる方向に流下するスフリエール型である。

後述する1991年雲仙普賢岳の火砕流は①のタイプ、1902年プレー火山での火砕流は、その名のとおり②のタイプ、また、本章では取り上げないが、1991年にフィリピンのピナツボ火山で発生した火砕流は③のタイプで、このときは、山頂を中心に半径10キロにわたって、火砕流が全方向に流下した。

1　プレー火山の大噴火

マルティニーク島とプレー火山

20世紀の初頭、1902年の5月、西インド諸島のマルティニーク島にあるプレー火山が、爆発的な噴火を起こし、麓の町に大災害をもたらした。

20世紀以降としては、最大の犠牲者をだした火山災害と位置づけられている。

西インド諸島は、東の大西洋と西のカリブ海とのあいだを区切るように連なっている島々から成る。その東部にあたる弧状列島は、小アンチル諸島と呼ばれ、多くの活火山が存在する。そのうちの一つ、フランス領マルティニーク島に、プレー火山（1、397メートル）が聳えている。

マルティニーク島は、面積が約1、000平方キロ、東京都の半分ほどの広さで、人口は38万あまり、果物や砂糖きびなどが主な農産物であり、観光と漁業が島の経済を支えている。

1502年、コロンブスによって発見された島で、ナポレオン一世の妻ジョセフィーヌの生誕の地としても知られており、1946年にはフランスの海外県となっている。

プレー火山は、この島の北部に位置し、山頂火口から南に6キロほど離れた山麓の町サンピエールは、砂糖きび農場に囲まれた活気あふれる港町であった。

市当局による情報操作

１９０２年4月上旬、登山者が火山の噴気活動を目撃したという情報を受けて、偵察隊が登山したところ、新たな溶岩が火口に満ちていて、火口湖を形成していることがわかった。
4月下旬になると、激しい噴火が続き、大量の火山灰を周辺に降り積もらせた。同時に、有毒の火山ガスを放出しはじめたため、サンピエールの町では、道行く馬が突然倒れたり、空飛ぶ鳥が死んで落ちてきたりしたという。市街地は、細粒の火山灰に覆われ、空気も硫黄臭くなった。

このころ、火山の上空は赤く輝いていた。これは、火口を埋めた赤熱のマグマが、立ちのぼる噴気や雲に映えて起きる火映現象だったと思われる。

このような異常事態が相次ぎ、火山活動が次第に激しさを増していったにもかかわらず、サンピエール市当局は、市民に避難を呼びかけることはなかった。実はこのとき、市では選挙が予定されており、投票日が5月10日に設定されていたからである。

当時サンピエールでは、白人が政権を握っており、その政権を維持したいとする市長側の与党と、黒人や混血の市民を主体とする野党とが激しく争っていた。そのため、白人が避難してしまうと、与党の敗北につながるとして、避難の指示をださなかったのである。

市長はまた、新聞社の編集長に対しても、白人が集団で避難するのを阻止するため、火山活動を過小評価する記事を書くよう要請したという。その結果、新聞はプレー火山の安全性を強調するような記事を載せつづけたのだが、それに反して、火山の状況は日増しに険悪になっていった。

5月2日の正午前、ついに火山は轟音とともに大噴火を起こし、噴出物が島の北部を覆った。火山灰に汚染された餌を食べて、家畜が死亡する事態も発生した。

5月3日の夜から、火山活動は新たな段階に入り、軽石や火山灰を大量に噴出した。5月5日には、大規模な火山泥流も発生、ブランシェ川を流下して、砂糖きび農場の労働者など約600人の死者をだす災害となった。

5月6日になると、サンピエールの町には、大量の噴石や火山灰が降りそそぎ、その重さで建物が潰れたり、立木が倒れたりした。道路は噴出物に埋まって、通行不能になり、市民はパニック寸前の状態になった。

にもかかわらず、政府の特別科学委員会は、「危険はない」と発表し、ついには軍隊まで出動させて、市外へ向かうすべての道路を封鎖し、市民の避難を妨げたのである。

大規模火砕流の発生

運命の5月8日、この日は朝から快晴で、プレー火山の姿は、港に停泊している船からも、鮮明に眺めることができたという。

7時50分、火山は耳をつんざくような爆発音とともに大噴火を引き起こした。激しい爆発に伴い、大規模な火砕流が水平方向に射出された。

プレー火山の大火砕流

火砕流の本体部分は、プレー火山から南西に延びるブランシェ川の谷に沿って流下した。しかし火砕サージ、つまり火砕流本体を包むようにして流れる高温のガスは、海岸沿いに広がって、ブランシェ川の谷から3キロも南に離れたサンピエールの町を襲ったのである。

つまり、サンピエールを襲ったのは、火砕流の本体ではなく、火砕流に付随した火砕サージであり、高温のガスが瞬時に町を焼きつくしたことになる。その証拠に、災害のあと撮影されたサンピエールの写真を見ると、廃墟と化した町並みには、堆積物はほとんど積もっていない。もし、火砕流の本体が町を襲ったのであれば、厚い火砕流堆積物が町を埋めていたはずだからである。

したがって、高温の火砕サージが、瞬時に町を吹き抜けたものと推定されている。それはわずか3分ほどの出来事だったのではないかといわれる。その間に、2万9,000もの人命が失われたのである。

このとき、港に停泊していた多数の船も、火砕サージに巻きこまれて18隻が沈没、2隻だけが奇跡的に焼け残ったと伝えられている。

廃墟と化したサンピエールの町

生き残った2人

この惨禍のなかで、奇跡的にも2人だけが一命を取りとめた。1人は、激しい噴火に対する恐怖心から、ほぼ1週間も自宅の地下室に閉じこもっていた28歳の靴屋の青年であり、もう1人は、喧嘩がもとで逮捕され、地下の独房に収監されていたアウグステ・シバリスという19歳の黒人港湾労働者であった。

助かった2人のいた場所が、それぞれ地下の密室だったため、外気の侵入がある程度妨げられ、高温の火砕サージが地表をなめつくしても、その直撃にあわずにすんだのである。それでも、扉などの隙間から入りこんできた高温のガスによって、２人ともかなりの火傷を負っていた。

シバリスの方は、災害から４日後に発見されたあと釈放され、火山災害の悲惨さを後世に伝えるために、サーカス団の一員となって各地を転々とし、被災体験を語りつづけたという。

溶岩塔の生成

プレー火山では、大火砕流が発生したあと、山頂の火口から粘性の高いマグマが噴出し、溶岩の尖塔を形成した。

太さ１００メートル以上の溶岩塔は、３４０メートルもの高さにまで達し、夜空に赤々と輝いて、あたかも天を突き刺す剣のようだったという。この溶岩塔のスケッチは、現在も火山関係の多くの書物に載せられている。

「プレーの塔」とも呼ばれ、世界の火山でも珍しいとされたこの火山岩尖は、岩質が脆かったために、翌年3月には火口内に崩れ落ちてしまった。

火山では、その後も火砕流が断続的に発生したが、1904年になって、活動はほぼ収束に向かった。

20世紀の幕開けとともに発生したプレー火山の大噴火は、火山研究のうえで、多くの貴重な資料を提供した。とくに、噴火に伴う「火砕流」という現象が、初めて認識された事例でもあった。

出現した溶岩塔

このように、1902年プレー火山で発生した火砕流災害は、その後の火山研究に大きな一石を投じたものであり、20世紀に大発展を遂げることになる火山学の基礎を築くとともに、大噴火の脅威を世界に知らしめ、火山防災の重要性をあらためて訴えた出来事だったのである。

２　北海道駒ケ岳の大噴火

頻発した火砕流

北海道の南端、渡島半島に聳える駒ケ岳（1、131メートル）は、道内の火山のなかでも、最も大規模な噴火を引き起こす活火山である。

近年では、１９９６年、１９９８年、２０００年に小噴火を起こして、火山灰を周辺に降らせたが、顕著な災害の発生にはいたらなかった。

しかしこの火山は、もし大噴火を起こせば、周辺に壊滅的な災害をもたらすであろうことが、過去の事例からも明らかになっている。

駒ヶ岳周辺に堆積している噴出物の調査から、この火山は、歴史時代以前にも、しばしば大規模な火砕流を伴う軽石噴火を発生させてきたことがわかっている。

１６４０年の大噴火

江戸時代以降をみても、駒ケ岳は、火砕流を伴う巨大な噴火を3回発生させてきた。

3回のうち最大規模と考えられているのは、1640年（寛永17年）の大噴火である。この年の7月31日（旧6月13日）に発生したもので、現在の森町付近には、噴出物が1メートルあまりも降り積もったという。

また、大噴火とともに、駒ケ岳の山体が大崩壊を起こし、東側と南側に向かって崩れ落ちた。このうち、東斜面を流下した大量の土石は、大規模な岩屑なだれとなって内浦湾（噴火湾）に流入し、大津波を発生させた。多数の人家や船舶が流失し、とくに昆布を採取していた100隻あまりが津波に呑まれるなど、沿岸一帯で700人以上が犠牲になった。

「六月十三日午時内浦岳（渡島国茅部市駒岳）俄然鳴動噴火し、海水動揺して津波を生じ、百余艘の昆布採船の人々、残り少なく津波に引かれ、和人溺死するもの七百余人に及ぶ、此の時北方の有珠に於ては、波浪善光寺如来堂の後山に上りしが、堂は幸に恙（つつが）なかりき、蝦夷地は津波未だ至らざる前に鳴動を聞く、松前も亦潮水盈虚（えいきょ）あり、此の噴火に岳上焼け崩れ灰燼天に満ちて、十五日朝まで天地真暗にして書尚ほ燈を用ふ、降灰は越後に及び、津軽にては積ること約三寸なりき――」（『維新前北海道変災年表』）

同じような内容の記事は、このほかにも『北海道史』や『津軽藩史』、『津軽史鑑』、『大日本農史』など多くの文献に見られる。

北海道駒ヶ岳と大沼

このように、東斜面を流下した岩屑なだれは、内浦湾に大津波災害をもたらしたのだが、一方、南斜面を流下した岩屑なだれは、河川を堰き止めていくつかの湖を生んだ。現在の大沼、小沼、じゅんさい沼などは、このときの大崩壊によって生じたものである。

いま大沼周辺の地域は、火山と湖の織りなす景観から、国定公園に指定されており、毎年多くの観光客が訪れている。大沼の湖面には、大小の島が点在していて、そのあいだを縫うように、観光船やモーターボートが走りまわっている。実はこの島々こそ、１６４０年の山体崩壊による岩屑なだれが堆積した「流れ山」なのである。

このときの大噴火では、周辺に大量の軽石が降りそそぎ、火砕流も発生した。また、噴煙は天を覆って暗黒となり、降灰は津軽から越後にまで及んだという。

噴火のあと、山頂部には馬蹄形のカルデラを生じたが、このカルデラは、その後の噴火による噴出物によって埋積されてしまった。

1856年の大噴火

1856年9月25日（安政3年8月26日）、駒ケ岳は再び大噴火を引き起こした。この日の朝9時ごろ、大音響とともに黒煙が上がり、東麓の鹿部村には大量の火山弾が落下、家々が焼失した。

『北海道志』には、「駒嶽震動シ噴火ス鹿部本別等ノ村石降ル雹ノ如ク盧舎焼ケ人畜多ク死シ、磊野（ライヤ）ヲ埋メ堆（ツモリ）テ三丈ニ及ブ」と記されている。

この噴火では、駒ケ岳の東麓に軽石が約60センチ積もり、死者2人、家屋17棟が焼失した。火砕流も発生して、南麓の折戸川をせき止め、留の湯という温泉場で、湯治客22人が犠牲になったという。

「留ノ温泉ニ湯治セルモノ凡二十二人前条ノ如ク火ノ付タル石礫土砂疾風ニ急雨雹霰ヲ送ルガ如ク飛来暫時ノ間ニ堆事三丈余其上崖崩レ沸騰セル湧口二三ヶ所出来セリ如斯（カクノゴトク）焼石土砂ニテ山モ野モ河モ半一面ノ崔ト変ジ――」（『駒ケ岳炎上ノ事』）

1929年の大噴火

安政の大噴火のあと、北海道駒ケ岳はしばしば中小規模の噴火を繰り返していたが、いずれも大規模な噴火にはいたらなかった。

そして次の大噴火が発生したのは、1929年（昭和4年）6月のことである。6月17日、駒ケ岳は、安政の噴火以来73年ぶりに大規模な活動を開始したのである。

深夜0時30分ごろに小噴火が発生、火山灰の降下が始まり、午前3時ごろからその量を増してきた。10時には、大音響とともに黒煙が噴き上がり、軽石降下と降灰はますます激しくなって、南東麓の鹿部村では、直径1・5センチほどの噴石が降りそそいだため、住民はみな避難を始めた。

12時30分ごろから、噴火はさらに激しさを増し、火砕流の流下が始まった。激しい軽石噴火により、南東の鹿部方面を中心に、軽石や火山灰の降下により、火災も発生、14時30分ごろには、火砕流が全方向に流下しはじめた。以後、火砕流の流下はつづき、その一部は海に流入し

6月17日の大噴火

噴出物に埋まった鹿部村

た。

夜になると、山頂から火柱の上がるのが望見され、鹿部村では、軽石の降下がますます激しくなって、多数の家屋が倒壊した。鹿部村に降りつもった軽石は、厚さ1メートル以上にもなったという。

さしもの大噴火も、この夜の23時ごろには急速に衰えはじめ、翌6月18日の午前3時にはほぼ終息した。つまりこのときの大噴火は、ほぼ1日で終わったことになる。だが、この日1日の噴出物の総量は、雲仙普賢岳が1990年から1995年にかけて噴出した量の約2倍に達したとも推定されている。

1929年のこの大噴火の特徴は、初めの小噴火の開始から、わずか9時間で巨大噴火に発展したことである。

突然の大噴火だったため、山麓の村々は大混乱に陥り、住民は着の身着のままで避難するのが精いっぱいであった。さいわい避難が迅速に行われたため、かなりの規模の火砕流が繰り返し発生したわりには、重大な人的被害にはいたらなかった。

大噴火による被害は、死者2人、負傷者4人、家屋の全壊および全焼365戸、牛馬の死136頭、田畑の被災面積は1、200ヘクタールあまりに及んだ。

ハザードマップの作成配布

歴史的に、駒ヶ岳の大噴火による破滅的な災害に見舞われてきたことから、1980年、駒ヶ岳山麓の森町や鹿部町など周辺5町は、「駒ケ岳火山防災会議協議会」を結成した。

さらに1983年には、将来の大噴火を想定した「駒ケ岳火山噴火地域防災計画」を策定し、それにもとづいて、全国の活火山地域に先駆けて、ハザードマップを作成するとともに、住民向けのポスターや「駒ケ岳防災ハンドブック」を配布するなど、火山防災に関する住民への啓発を実施してきた。

北海道駒ヶ岳のハザードマップ
（火砕流・火砕サージ）

火山噴火に備えたハザードマップは、その後、全国の活火山地域で続々と作成されてきたが、北海道駒ヶ岳のこのハザードマップは、まさに第1号だったのである。

北海道駒ケ岳は、いつか必ず大噴火を再開するにちがいない。そのときに備えた周辺地域の防災対策が、過去の体験を踏まえて積極的に進められてきたといえよう。

3　雲仙普賢岳の火砕流災害

島原大変

雲仙火山は、島原半島の主部を占める活火山で、多数の溶岩ドーム群から成る複式火山である。有史以後の噴火は、いずれも主峰の普賢岳から発生してきた。

とくに、1663年（寛文3年）と1792年（寛政4年）の噴火では、ともに大量の溶岩を流出している。

1663年の噴火では、普賢岳の北東山腹から溶岩を約1・5キロ流出した。このときの溶岩流は「古焼溶岩」と呼ばれている。

1792年の活動は、最後に大津波災害をもたらした出来事として知られる。前年の11月、島原半島の西部を中心に、地震が頻発しはじめ、年が明けると、火山の鳴動が次第に激しさを増し、2月10日の深夜、普賢岳が噴火を開始した。

活動はいったん小康状態になったが、2月27日、普賢岳の山頂から北東へ1キロほど離れた穴迫谷（あなさこ）で新たな噴火が始まり、やがて溶岩を流出させた。溶岩流は約2・7キロ流下し、千本木集落から約500メートルの所まで迫って停止した。この溶岩流は「新焼溶岩」と名づけられている。

その後、4月21日の夜から、島原半島の東部で、激しい地震が頻発するようになり、島原の城下町を揺るがしはじめた。地震は、はじめの4、5日間は激しかったものの、日を追うにつれて治まっていった。

崩壊した眉山と有明海（1984年撮影）
（九十九（つくも）島と呼ばれる島々は崩壊によって生じた流れ山群）

ところが、それからひと月を経た5月21日の夜8時すぎ、強い地震が2回、島原の直下で発生した。その衝撃によって、雲仙火山群の東端にある眉山が大崩壊を起こしたのである。崩壊した山の部分は、大規模な岩屑なだれとなって有明海に流入し、大津波を発生させた。

津波は、瞬時に島原の城下町をなめつくした。波高は、10メートルにも達したといわれる。さらに津波は、有明海の沿岸一帯から天草諸島を襲い、大災害をもたらした。犠牲者の数は、約1万5、000人とされている。

うち、有明海を挟んで対岸にあたる肥後で約5、000

人が犠牲になったという。そのため、この災害は「島原大変肥後迷惑」とも呼ばれている。

溶岩ドーム出現

１７９２年の島原大変から１９８年を経た１９９０年（平成２年）11月、雲仙普賢岳は、長い眠りから覚めて噴火を開始した。

噴火を開始した雲仙普賢岳

約1年間に及ぶ前駆的な地震活動のあと、11月17日の未明、普賢岳の山頂で水蒸気噴火が発生した。地獄跡火口と九十九(つくも)島火口の2か所から噴火が始まり、噴煙は最高４００メートルの高さに達した。

このとき、山頂から煙が上がっているのを見た多くの住民は、山火事が起きたものと思ったという。その後、噴火は数日のうちに鎮静化し、活動はこのまま終息するのではないかとさえ思われた。

ところが、年が明けて翌１９９１年2月12日に再噴火、噴煙が５００メートルの高さにまで達した。以後、火山灰をしばしば山麓に降らせるとともに、４月上旬ごろからは、地獄跡火口からの爆発的噴火を繰り返すようになった。

大量の火山灰が山腹に堆積したところへ、５月15日から、大雨によって、水無川で土石流がたびたび発生し、橋が流されるなどの被害がでた。

一方、５月12日ごろから、火山性地震が普賢岳直下の浅所を震源として頻発しはじめ、地下のマグマが姿を現すのではないかと推測されるにいたった。

出現した溶岩ドーム（太田一也氏撮影）

５月20日、地獄跡火口に、円錐状の溶岩ドームの出現しているのが見つかった。粘性の高いマグマが地表を突き破って、ドームを形成しはじめたのである。

地下からのマグマの供給が続くとともに、溶岩ドームは急速に成長し、５月23日には、直径約１００メートル、高さ約70メートルに達し、地獄跡火口から溢れだすほどになった。

火砕流発生

溶岩ドームの成長とともに、その東端が急斜面にせりだして、不安定な状態となり、少しずつ崩落をはじめた。この急斜面は、土石流が多発していた水無川の源頭部にあたっていた。

5月24日、ドームの端から大きな溶岩塊が崩落して、水無川の上流部で火砕流が発生しはじめた。溶岩ドームの内部に、高圧のもとで封じこめられていた火山ガスが、崩落とともに一気に減圧して噴出し、高温の火砕流となったのである。

頻発した火砕流
（「消防防災博物館」ホームページより）

以後、溶岩ドームはさらに成長を続け、火砕流が頻発するようになった。

5月26日には、水無川の砂防ダムで、土砂の除去作業をしていた36歳の作業員が、両腕や肩などに火傷を負った。このときの火砕流は、島原市北上木場地区の人家から、約３００メートルまで迫って停止している。

この日、気象庁雲仙岳測候所は、火山活動情報第1号を発表して、注意を呼びかけた。また、島原市と深江町は、水無川流域の約９００世帯、３、５００人に対して、避難勧告を発令した。九州大学島原地震火山観測所も、「大規模な火砕流発生の恐れがある」として、警告を発していた。

実は、「火砕流」という言葉が、最初に新聞の紙面などに載ったのは、５月26日であった。しかし、初めて聞く用語に多くの人が戸惑い、その現象の恐ろしさが十分理解されないままに、次なる悲劇を迎えたのである。

ついに犠牲者

６月３日の夕方16時８分、やや規模の大きな火砕流が発生した。火砕流は、水無川の谷を高速で流下し、地獄跡火口から約４・５キロの地点にまで達した。この地区周辺は、すでに避難勧告地域に指定されていたのだが、このときの火砕流によって、取材中の報道関係者をはじめ、消防団員など43人の犠牲者をだす大惨事となったのである。

犠牲になった人びとの大半は、水無川の左岸にあたる比較的緩い斜面で取材にあたっていた。そこは、水無川の谷底から40メートルほど高い位置にあって、報道関係者は、「定点」と呼んでおり、溶岩ドームからの火砕流発生を撮影できる好位置にあった。しかし、火砕流に付随した高温のガスが、人びとの命を奪ったのである。

溶岩片や軽石、火山灰などから成る火砕流の本体は、重いために谷底を流れる。しかしその上には、火山灰をまじえた高温のガスが、熱風となってついてくる。死傷した人びとは、数百度という高温のガスによって、全身に火傷を負うか、ガスを吸いこんで、気道熱傷を引き起こして、死にいたったのである。

またこの日、火砕流によって、１７９棟が焼失した。

高温のガスで焼けた車

その後、６月８日には、溶岩ドームがさらに大きく崩壊して、６月３日を上回る規模の火砕流が発生、広範囲にわたって山火事を発生させるとともに、島原市と深江町で、73棟の住宅や倉庫が焼失した。火砕流は、水無川に沿って約５・５キロ流下し、国道57号線にまで達したのだが、すでに災害対策基本法にもとづく警戒区域が設定されていたため、無人状態で、人的被害の発生することはなかった。

このときの溶岩ドームの大崩壊では、爆発的噴火を誘発し、大量の軽石を噴出した。直径２センチほどの軽石が、東北東８キロのあたりまで達していた。

さらに6月11日の深夜、23時59分から0時すぎにかけて、島原市を中心に、大音響とともに大量の軽石が降りそそいだ。

軽石は、おもに火山の北東側に降下し、こぶし大から直径20センチほどのものもあった。そのため、住宅の屋根瓦が破損したり、車のフロントガラスが割れるなどの被害が続出した。

以後、雲仙普賢岳では、溶岩ドームの成長と火砕流の発生が続き、大雨による土石流が頻発するなど、災害は長期にわたり継続したのである。

火砕流と土石流による複合災害

相次ぐ火砕流によって、水無川や周辺河川の源流部には、火砕流がもたらした大量の岩塊や火山灰が堆積していた。

折から梅雨のシーズンであった。6月30日、大雨によって、水無川と湯江川で大規模な土石流が発生、１３０棟以上の家屋が全半壊する災害となった。ただ、被災した地域は、すでに警戒区域に指定されていたため、住民は居住しておらず、人的被害は発生しなかった。

以後、降雨による土石流は繰り返し発生し、翌１９９２年の8月には、台風10号と11号による大雨で、それぞれ規模の大きな土石流によって、１５０棟あまりの家屋が被災した。

一方、火山活動も継続し、新たな溶岩ドームの成長と崩落による火砕流の発生が繰り返された。１９９１年７月には、１日に10回ほど、火砕流の流下する状況が続いたという。

９月15日の17時ごろから、火砕流の発生頻度が高まり、18時54分に発生した大規模な火砕流は、北東側の垂木台地にぶつかったあと、南東に向きを変え、水無川を流下した。

このとき、火砕流に伴った熱風が水無川を横切って、深江町の大野木場地区に広がり、大野木場小学校を直撃したため、校舎が焼失した。約5・5キロ流走した火砕流によって、大野木場地区で２１８棟が被災したが、ここも警戒区域内であったため、人的被害は免れた。

焼失した大野木場小学校
（災害遺構として保存されている）

１９９２年の年末から93年の初頭にかけては、火砕流の発生回数がかなり減少したため、火山活動は終息に近づいたのかと思われたが、その後、活動は再開され、93年1月15日には、数時間にわたって火砕流が集中的に発生した。

２月に入ると、溶岩ドームの崩落方向が変わったため、火砕流が北東側のおしが谷や中尾川方面にしばしば流下するようになった。

6月23日、中尾川方向に流下した火砕流によって、島原市千本木地区で多数の家屋が焼失したが、このとき自宅の様子を確認に行った男性1人が焼死している。

この間、土石流も頻発した。とりわけ、4月28日、29日と5月2日には、大雨によって、水無川を中心に大規模な土石流が発生し、島原市と深江町で、570棟あまりの家屋が土砂に埋まるとともに、国道57号と251号や、島原鉄道の線路も寸断された。

住宅地を埋めた土石流

まさに、火砕流と土石流との複合災害になったのである。

気象庁雲仙岳測候所で観測された雨量は、4月28日、29日に329ミリ、5月2日には78・5ミリとなっている。

このときも含め、度重なる土石流によって被災した建物は、1、300棟以上にのぼったという。ただ、警戒区域内で、地域住民の避難が完了していたため、幸い土石流による犠牲者はでなかった。

以後、溶岩ドームの生成と火砕流の発生は続き、1995年2月にマグマの噴出が停止するまで、13個の溶岩ドームが出現し、火砕流の発生数は9、400回あまりを数えた。5

月25日、火山噴火予知連絡会は、雲仙普賢岳の噴火活動の終息を宣言した。

　4年近くにわたって続いた溶岩の総噴出量は、約2億立方メートルと推定されており、そのうちの半分ほどは、崩落して火砕流となり、残りの半分は巨大な溶岩ドームとして山頂に留まっていて、「平成新山」と命名された。新山の標高は、雲仙火山群の最高峰であった普賢岳を上まわる1、486メートルに達している。

火砕流堆積物（厚さ130メートル）に埋まった水無川の谷と平成新山

　一連の活動による死傷者の大部分は火砕流によるもので、犠牲者は44人を数えた。また、家屋の被害は2、500棟あまりにのぼったが、うち約1、700棟が土石流による被災、あとの800棟ほどが、火砕流によって焼失したものである。

砂防事業の展開

　火山活動は終息したものの、地域の復旧・復興にあたって、まず進めなければならないのは、土砂災害対策であった。土石流を食い止めるための砂防施設の整備が急務となったのである。

すでに建設省（当時）は、１９９３年4月、島原市に「雲仙復興工事事務所」を新設し、国の直轄事業として、火山砂防工事を発足させていた。そして、砂防関連施設を整備するために、水無川と中尾川の流域、さらには湯江川流域の一部を国が買い上げ、「砂防指定地」として、事業の展開を始めたのである。水無川流域では、土石流対策として、上流部に40基の砂防ダム群が計画され、中尾川流域でも14基の建設が計画された。

しかしこれら砂防工事は、火砕流や土石流の危険がある警戒区域内で実施しなければならないため、作業員の安全確保が重要課題となった。そこで導入されたのが「無人化施工技術」である。これは、除石工事や土砂運搬、砂防ダムの基礎掘削、堤体打設などの工事を、すべて無線による遠隔操作で行おうというもので、１９９４年から実施され、成果を挙げてきた。１９９５年9月に着工した砂防ダムの建設にも、この無人化施工技術が活用されたのである。

一方、島原半島全体の復興の核となる国道57号と２５１号の整備事業も進められ、土石流によって流出した水無川橋に代わって、アーチ型をした「水無大橋」が新たに完成した。橋自体を河床から高く上げることによって、土石流に対する安全性を高めたのである。

復興のシンボル、大規模嵩上げ事業

災害からの復興の途上で、特筆しなければならないのは、「安中(あんなか)三角地帯の嵩上げ」という一大プロジェクトであろう。

島原市の安中三角地帯は、水無川の堤防と導流堤とに挟まれた面積93ヘクタールの土地であった。災害の前には、324世帯が生活していて、古い町並みの風情を残す静かな環境であったという。

しかし1991年以降、しばしば土石流に襲われて壊滅状態となり、住民はみな、他の地域へと避難していった。

島原市が、地域全体の復興計画の作成を進めるなかで、大きな問題となったのは、安中三角地帯の置かれた環境であった。いつかは住民が帰ってくるであろうこの地域を、土石流の危険から守るためには、水無川の堤防と導流堤とを、ともに嵩上げしなければならない。しかしそれでは、三角地帯は窪地になって、居住環境が悪化してしまうし、導流堤から水が溢れれば、土石流に襲われる恐れもある。

そこで、この難問を解決するには、三角地帯全体を嵩上げするしかないという結論に達し、一部の地元有志から要望書が島原市に提出された。これを受けて、島原市も正式に事業計画を策定し、巨大な嵩上げ事業がスタートすることになったのである。しかし問題は、嵩上げ事業を遂行するための膨大な経費を、どこに求めるかであった。

ここで登場したのが、安中三角地帯を、水無川流域や遊砂地などに堆積している大量の土砂を捨てる「土捨て場」にして、その土砂で嵩上げを行い、国から支払われる「土捨て料」を財源にあてようという構想であった。

こうして、土砂を捨てる側と、捨てられた土砂を利用する側との利害が一致するかたちで、計画が実行に移され、安中三角地帯の大規模な嵩上げ事業が実施された。約３３０万立方メートルの土砂によって、高さ約６メートルの嵩上げが完成をみたのである。

その後、区画整理の進んだ新しい土地に、住民が次々と住宅を再建して、現在はニュータウンの様相を呈している。

一方では、火砕流で被災した旧大野木場小学校の校舎を、災害の遺構として保存したり、土石流で埋没した家屋数戸を、道の駅に保存展示するなど、火山災害の脅威を将来に向けて伝承するための取り組みも積極的に進められてきた。また、日本で初めての火山体験ミュージアムとして、「雲仙岳災害記念館」が建設され、多くの観光客を招き寄せるとともに、災害の記憶を風化させない努力が続けられている。

第6章　山体崩壊の脅威

火山体は、噴火によっても地震によっても崩壊を起こしやすい。一つには、成層火山の場合、太古からの噴出物が、山腹に斜めに堆積しているため、重力的に不安定になっていることが挙げられる。

崩壊によって生じた膨大な量の岩石や土砂は、岩屑なだれとなって斜面を流下し、山麓に大災害をもたらす。岩屑なだれは、水を媒体として流下する土石流と異なり、空気を媒体として流下するため、地表との摩擦が小さく、速度が増す。当然、運動エネルギーが大きくなって破壊力を増大するのである。

1　磐梯山・明治の大噴火

北に向かって抜けた！

「会津磐梯山は　宝の山よ　笹に黄金が　なりさがる」と、里謡にもうたわれた磐梯山は、福島県会津盆地の東部に位置する活火山である。

　歴史時代最古の噴火記録は、８０６年（大同元年）にさかのぼる。このときの噴火は、大規模な水蒸気噴火だったとされ、月輪郷や更科郷など50あまりの集落が、噴出物の下に埋没したと伝えられる。

　その後は、江戸時代の１６４３年（寛永20年）や１６５５年（明暦元年）に、磐梯山が鳴動したと思われる記録が見られる。また、１７１９年（享保４年）ごろには、噴煙を上げていたという記録があり、１７８７年（天明７年）ごろに書かれた『東国旅行談』には、「高峰の峯より炎火立ち昇る事は烈々として其煙雲と等しく天を焦がす勢なり」とあり、山頂の火口から盛んに噴火を続けていたことが読み取れる。

　当時の磐梯山は、「会津富士」とも呼ばれていたように、富士山型をした秀麗な成層火山であった。その山体が、大爆発とともに崩壊して山容を一変し、麓に大規模な災害をもたらしたのは、１８８８年（明治21年）７月15日のことであった。

　大噴火が発生する１週間前の７月８日ごろから、磐梯山の周辺では、弱い鳴動や遠雷のとどろくような音が断続的に聞こえていた。

　７月15日の当日は、夜明けから雲ひとつない快晴で、西北西の微風が吹いていたという。朝の7時ごろ、とつぜん山の方角から、ゴウゴウという鳴動が響いてきた。7時半すぎには、かなり強い地震があり、しばらくして、さらに強烈な地震が発生した。その揺れが治まらぬうちの7時45分ごろ、大磐梯山と並び立っていた小磐梯山の噴火が始まった。

大きな爆発音とともに、黒煙が巨大な柱のように上空へと立ちのぼり、引きつづいて15回から20回も爆発が繰り返された。

磐梯山噴火の古絵図

爆発が起きるたびに、噴煙が激しく上昇したのだが、最後の一発は、空砲のような音を伴って、「北に向かって抜けた」という。最初の爆発から最後の大爆発まで、わずか1分ほどの出来事であった。噴煙は、1、500メートルほどの高さにまで上昇したが、そのあと傘状に横へと広がっていった。

大爆発のあと30～40分間は、小さな爆発が巨砲を連発するように続いて、山は激しく鳴動した。まもなく、麓の村々には高温の火山灰が降りはじめ、あたりは暗夜のようになったという。熱い灰をかぶり、火傷を負った者も少なくない。山麓では、噴出物が30センチほどの厚さに降り積もった。火山灰は偏西風に乗って東へと流され、80キロ以上も離れた太平洋岸にまで達したという。

「北に向かって抜けた」というのは、爆発的な激しい水蒸気噴火によって、小磐梯山の山頂部が、北へ向かって大崩壊を起こしたことを意味している。

上昇してきたマグマに熱せられて地下水が気化し、水蒸気圧が高まった結果、大爆発が発生、山体を崩壊させたもので、このような噴火に対して、“Bandaian type”（磐梯型）という名称が与えられている。

壊滅した温泉場

大爆発によって、磐梯の湯として知られていた上の湯、中の湯、下の湯の3湯のうち、上の湯と下の湯は吹き飛ばされ、中の湯だけが辛うじて原形をとどめた。湯治客約30人が死傷したという。

このとき、噴火口に近い中の湯に滞在していたうちの1人、越後国南蒲原郡井栗村来迎寺の住職だった鶴巻浄賢が、噴火後の調査にあたった関谷清景博士に送った書状は、当時の山頂付近の状況を知るうえで、たいへん興味深い。

浄賢の一行4人は、7月8日に井栗村を発ち、12日には中の湯温泉に着き逗留していた。以下は、関谷清景・菊地安『磐梯山破裂実況取調報告』に引用された浄賢の書状のうち、７月15日当日の模様を記したものである。

「大砲三挺程一度に発せし如き音聞え黒煙天を掩へ大小の石落ること限りなく自分等銘々思ひ思ひに諸方へ逃げ候へしが、五間・七間・十間位にて皆々地に伏し申候。此の時は何も見得ず真の暗夜となり地震は止まず耳・目・鼻・口等に土砂が入り声を出すこと叶はず、自分は生きたる心地少しもなく夢中にて確とは覚えず候へ共、右の手に石落ちたるときは偖ては創を受けたりと思へり。続いて腰部、右足・背に各々小創を負へり。其の後一時間程経て石の落ちることも止み暗黒も漸く薄らぎておぼろ月夜位になりし故、自分逃るるは此の時と思ひ――（中略）――逃走すること二町程下るとき二番破裂あり、三町程下る処に三番破裂致し申候。その時は土砂のみ身に掛りて石には打たれ申さず候」

山体崩壊と岩屑なだれの発生

水蒸気噴火とともに、小磐梯の山体のほぼ北半分が崩壊し、北方に向かってＵ字型に開いた崩壊カルデラを生じた。東西約2・2キロ、南北約2キロという巨大な凹地となり、山頂の標高は650メートルほど低下した。

崩壊した山の部分は、大規模な岩屑なだれとなって北斜面を流下し、5村11集落を埋没、477人の死者をだすという大災害をもたらしたのである。

「今度人命財産に損害を与へしは主として土石の流出して山野田圃を埋没せしに由れり。初め爆発するや其の勢極めて猛烈にして岩石の摧けて空中に飛散せし量も少なからざれども山嶽の大部分は此の時通じて綻裂し大小の片塊と変じ、或は相衝突して粉状と化し地勢の低きに就きて墜落し来り就中其の軽き部分即ち土石の混合物は廻って遠距離に流出したり」（関谷清景・菊地安『磐梯山破裂実況取調報告』）

山麓を埋めた大量の噴石と泥流で流されてきた大石（見祢の大石）

北斜面を流下した岩屑なだれは、たちまち北麓の長瀬川の谷に入り、秋元原、雄子沢、細野などの集落を瞬時に埋没して多数の犠牲者をだした。また一部は、長瀬川沿いに南下し、川上温泉を埋め、長坂村にまで達した。

岩屑なだれの流下速度は、時速約80キロだったと推定されている。こうして、磐梯山麓の約35平方キロが岩屑なだれの堆積物で埋まってしまった。堆積物の総量は、約1・5立方キロと見積もられている。

　また、爆発とともに猛烈な爆風が発生した。岩屑なだれが流下するに伴い、周辺の空気が大量かつ急速に押しやられたためである。爆風は、森林の樹木をいっせいになぎ倒し、多数の家屋を倒壊させた。

現在の磐梯山と檜原湖

堰き止めによる湖沼の誕生

　山体崩壊による岩屑なだれは、長瀬川の上流にあたる大川、小野川、中津川、檜原川などを堰き止めたために、それぞれ上流部の河川の水位は上昇し、次第に湖沼と化していった。川沿いにあった檜原村などの集落は、徐々に水没しはじめ、住民は移転を余儀なくされたのである。かつて会津藩の財政を支えていた檜原金銀山の史跡も、湖底に没してしまった。

　こうして、大噴火から1、2年のあいだに、現在の檜原湖、小野川湖、秋元湖、五色沼など多くの湖沼が誕生した。

　秋元湖は噴火からわずか80日、小野川湖は1年3か月後には満々と水をたたえ、１８９０年の年末には、ほとんどの湖沼が現在の姿になったという。

大噴火とともに誕生したこれらの湖沼は、いま裏磐梯の景勝地として、多くの観光客を招き寄せている。大災害の傷あとが、現在は地元の産業経済をうるおす観光資源になっているといえよう。

したがって、いま裏磐梯の景勝地を訪れる人びとは、皮肉なことに、過去の大災害が残した多様な景観を、観光の対象として楽しんでいることになるのである。

2　セントヘレンズ山の大噴火

アメリカの富士山

１９８０年5月、アメリカの西海岸、ワシントン州にあるセントヘレンズ山が、大崩壊とともに大噴火を起こし、周辺地域を荒廃に帰してしまった。これは、20世紀に発生した世界の火山災害史上、特筆すべき出来事であった。

アメリカの西海岸に沿って、南北に走るカスケード山脈には、ベーカー山、レーニア山、セントヘレンズ山、アダムズ山、フッド山、シャスタ山、ラッセンピークなどの活火山が連なっている。

　このうち、ワシントン州の南部には、レーニア山（4、392メートル）、セントヘレンズ山（2、950メートル）、アダムズ山（3、751メートル）があり、それぞれ優美な山容を競いあっていた。

　とくにセントヘレンズ山は、最も若い成層火山で、その秀麗な姿から、「アメリカの富士山」とも呼ばれるほどであった。山頂は万年雪に覆われ、四季折々に表情を変える山は、登山やスキーの対象となっていたし、麓には豊かな森林が広がっていた。北麓にあるスピリット湖は、静かな湖面に山の姿を映しだしていて、湖畔には、いくつものロッジがあり、自然を楽しむ人びとの閑静な保養地となっていた。

　その平和な風景が、一瞬のうちに失われてしまったのが、1980年5月18日のことだったのである。

過去の噴火履歴

　セントヘレンズ山は、過去4、000年のあいだに、4回の活動期があったとされる。最新の噴火活動は、約600年前に始まり、しばしばデイサイトの溶岩ドームを生じている。

また、400～450年前には、溶岩流が山体のあらゆる方向に流下している。

日本と異なり、歴史時代が短いアメリカでは、書かれた記録がないため、火山の過去の噴出物を調べることによって、噴火史をひもといていくのである。

住民によって目撃されたセントヘレンズ山の最初の噴火は、1842年のことであった。この年の11月下旬、地元の宣教師や入植者によって、大噴火の発生が確認されている。

「アメリカの富士山」と呼ばれていたセントヘレンズ山

巨大な噴煙が立ちのぼり、降灰は広範囲に及んで、山頂から80キロも離れたオレゴン州のダラスにまで及んだと伝えられる。

その後、小規模な水蒸気噴火が断続的に続いていたが、1857年4月、北西の山腹で噴火が発生して、溶岩を流出、岩屑なだれや泥流を生じた。これ以後、1980年まで、火山は静穏な状態が続いていたのである。

123年ぶりの噴火

1980年、噴火の前兆は3月20日に始まる。この日の

15時47分、セントヘレンズ山頂のやや北側直下で、M4・0の火山性地震が発生した。この地震は、カスケード山地での観測開始以来、7年間で最大の規模であった。これを皮切りに、地震活動は次第に活発化し、M4以上の地震が頻発するようになった。地震の震源は、セントヘレンズ山の直下に集中しており、明らかに火山の異常を示すものであった。

3月25日には、地震活動はピークに達し、観測陣も色めきたったが、その2日後の3月27日12時36分、セントヘレンズ山は、123年ぶりに噴火を開始したのである。小規模の水蒸気噴火が継続し、山頂部に長径500メートル、短径350メートル、深さ300メートルほどの火孔を生じた。

アラスカを除くアメリカ本土で、火山が噴火したのは、1915年に噴火したラッセンピーク以来のことであった。

以後、セントヘレンズ山の活動は、消長を繰り返しながら、むしろ衰退の傾向をたどり、4月23日から5月6日までは、水蒸気噴火も発生せず、地震活動も、3月25日のピーク以来、次第に回数を減じていて、火山活動はこのまま終息するのではないかとさえ予測されていた。

しかしその一方で、火山の北斜面の様子がおかしいという報告が、地元住民からもたらされた。そこでUSGS（アメリカ地質調査所）が、5月12日に航空写真を撮影して、1979年に撮られた写真と比べてみると、北側の山腹が、100メートルほど水平にせり出していることがわかった。つまり、山体が膨らんでいたのである。

そこで急遽レーザー光線による測距儀を設置して観測を始めたところ、北斜面が1日に平均1・5メートルもの割合で膨張していることが明らかになった。

これは、地下のマグマが急速に上昇してきて、地表を押し上げていることを意味していた。山体が膨らんでいる部分の地表には、乾いた餅の表面のような無数のひび割れが目立つようになった。火山は大崩壊の準備をしていたのである。

山体の大崩壊

5月18日の朝8時32分、山体直下でM5・1の地震が発生した。その衝撃によって、膨らみ不安定になっていた北斜面が滑りだし、一挙に大崩壊を引き起こした。

山体が崩壊したため、地下のマグマの蓋が取り除かれたかたちとなり、火山体の内部にこもっていたガスや水蒸気の圧力が、瞬時に解放されて大噴火が始まった。

噴火は、はじめ山崩れの流路に沿って斜面を下りながら発生し、猛烈な黒煙を噴出した。これは、崩れていく山体の中に含まれていたガスや水蒸気が、急激な減圧によって引き起こした爆発であった。

そのあと、恐らく数分のうちに、山頂から巨大なキノコ雲のような噴煙が、天を目指して立ちのぼった。噴煙は、高さ2万メートルにも達したのである。

噴煙活動は、約9時間にわたって続き、偏西風に乗って、アメリカ本土一帯に大量の火山灰を降下させた。そのため、火山の東麓にあたる町々では、昼でも暗夜のようになり、街路灯の自動点火装置がいっせいに作動したという。

山体崩壊と大噴火の発生

高速道路では、降り積もった火山灰のために、車が次々とスリップして交通事故が多発した。近代都市機能が麻痺して、車文明社会に思いもかけない衝撃を与えたのである。

山体が崩壊したために、巨大な岩屑なだれが発生した。岩屑なだれは、流下するさい、周辺の大気を大量に、しかも瞬時に押しだしたため、凄まじい爆風を発生させた。

　無数の岩塊や砂礫をまじえた爆風は、北斜面を猛スピードで吹きぬけ、火山の北10キロほどの所に連なる、比高３００メートル前後の山地をも乗りこえた。

　爆風は、火山北麓の広い範囲にわたって、ほぼ扇形状に広がり、通り道にあたった森林の木々をなぎ倒してしまった。火山に近い地域では、木々はすべて根こそぎ吹き飛ばされ、丸はだかになった地面が露出し、少し離れると、なぎ倒された木々がびっしりと斜面を埋めていた。

崩壊後の山頂部

爆風でなぎ倒された森林の木々

　一瞬の爆風によって、森林が破壊され、荒廃に帰した地域は、６００平方キロにも及んだという。森林資源の被害額は、10億ドルにも達したと推計されている。

　山体の大崩壊によって、セントヘレンズ山の山頂部は、４００

メートル以上も低下し、崩壊した跡には、幅約2キロ、長さ約4キロの馬蹄形の窪地（崩壊カルデラ）を生じた。噴火当日の午後には、数本の火砕流が発生して、北斜面を流下している。こうして「アメリカの富士山」の山容は、一変してしまったのである。

現地取材の記憶

私たちNHK取材班は、大噴火のひと月後に現地を訪れ、約2週間にわたって取材を続けた。6月19日にセントへレンズ山の上空を飛んだとき、崩壊カルデラの底には、新しい溶岩ドームの出現しているのが確認できた。地下のマグマが姿を現して、直径300メートルほどの黒っぽいドームを形成していたのである。

そして、何よりも目を見張ったのは、山腹から山麓にかけての荒廃ぶりであった。緑のかけらも見当たらない死の世界が広がっていたのである。世の中にこのようなことが起きるのかと、強く印象づけられた記憶がある。

岩屑なだれも爆風も、おそらく摂氏数百度という高温であったらしい。犠牲者の遺体が焼けただれていたり、車中で蒸し焼きになっていたという話も聞いた。爆風によって吹き倒された木々のなかには、表面が黒く焼け焦げているものもあった。

爆風が正面の山地を乗りこえ、北側へ扇形状に広がったのにひきかえ、岩屑なだれの本体は、その山地に衝突したあと、北トゥートル川の谷に沿って西へ向きを変え、谷を流下していった。岩屑なだれが流れこんだ北麓のスピリット湖は、水位が60メートルも上昇したうえ、水温は30℃にもなったという。

湖畔にあったロッジは、跡かたもなく消え失せ、湖面は、爆風によって吹き飛ばされてきた木々に、びっしりと覆いつくされていた。

火山学者が犠牲に

このときの大崩壊と大噴火による犠牲者は62人とされている。その中には、USGSの若き火山学者、ジョンストン博士も含まれていた。彼は、山頂から北へ10キロほど離れた小高い尾根の上で観測を続けていた。彼はたしかに大崩壊の瞬間を見ていた。そして、ワシントン州バンクーバーにあるUSGSの基地に、第一報を無線で知らせている。

“Vancouver, Vancouver, this is it!”、これが彼の最後の言葉となった。次の瞬間、襲ってきたすさまじい爆風に、彼は観測用のジープもろとも吹き飛ばされてしまったのである。彼の叫びのなかの“it”とは、何を意味するのであろうか。恐らく、観測中の火山が、目の前で引き起こした大崩壊を指したものと推測される。彼の最後の声が録音されたテープは、今も大切に保管されているという。

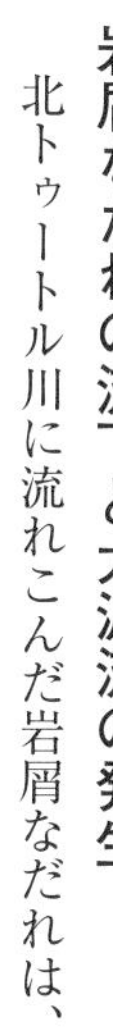

岩屑なだれの流下と大泥流の発生

北トゥートル川に流れこんだ岩屑なだれは、猛スピードで谷を埋積しながら荒廃を押しひろげていった。谷を埋めた岩屑なだれは、平均50〜60メートルの厚さはあったと思われる。こうして、北トゥートルの緑豊かな渓谷美は、一瞬のうちに失われてしまった。噴火後の調査によれば、岩屑なだれの流下速度は、最高時速２５０キロにも達したと推測されている。

岩屑なだれ堆積物の上を行くＮＨＫ取材班

　北トゥートルの谷を流下した岩屑なだれは、谷の底部との摩擦によって、次第に速度を落としながら、山頂から約30キロの距離にまで達して止まった。

　山体が崩壊してから、この30キロ地点まで岩屑なだれが到達する時間はきわめて短く、その後の調査によれば、おそらく数

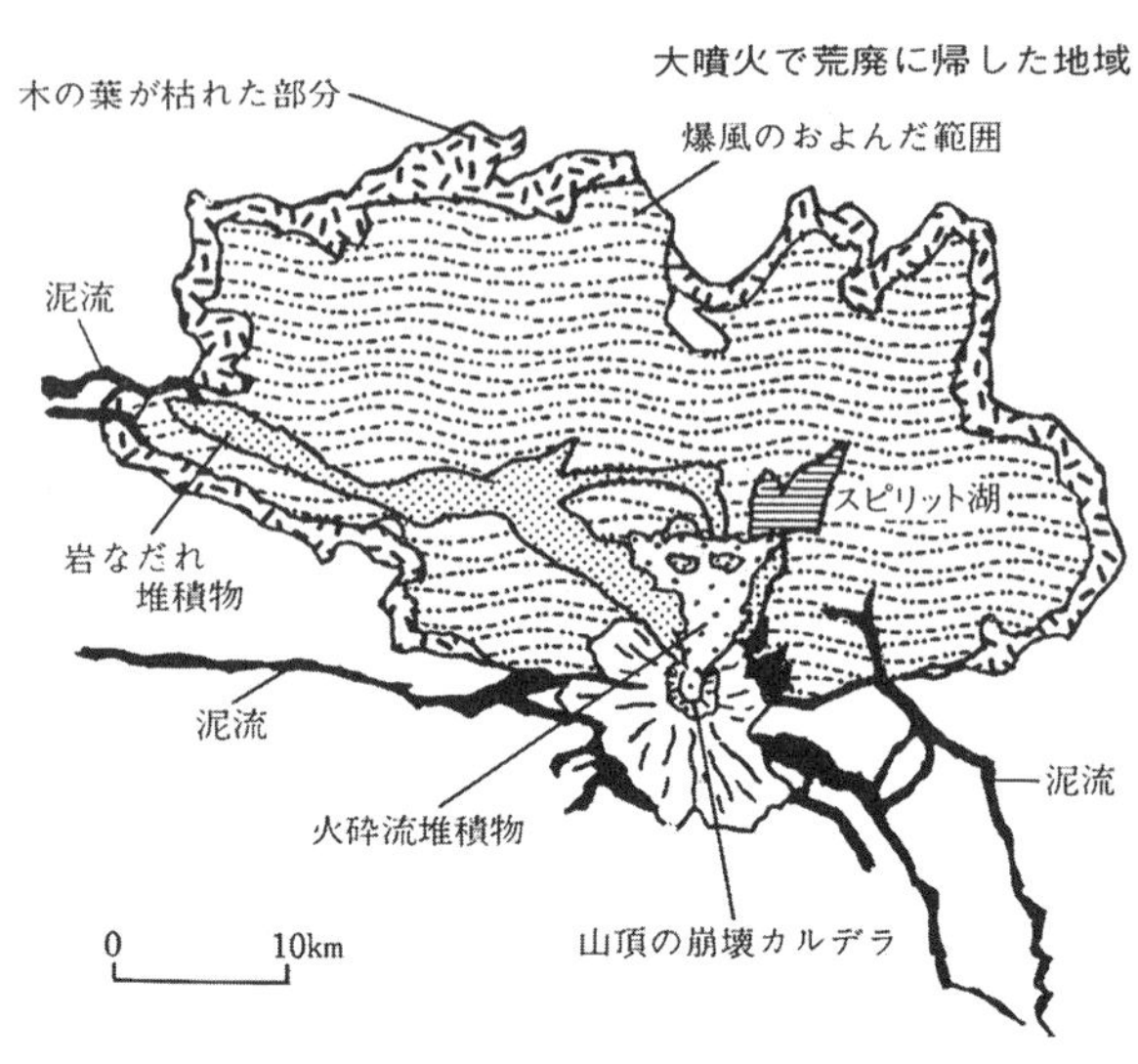

山体崩壊と大噴火で荒廃に帰した地域

分から10分以内だったともいわれている。

谷に堆積した岩屑なだれの総量は、2・3立方キロに達するとされた。それだけの量を、もし東京23区内に一様に敷きつめたとすれば、約4メートルもの厚さになるという。

岩屑なだれは、堆積したあとも、しばらくは高温の状態を保っていた。そのため、地下水が堆積物にしみこむと、各所で小規模な爆発を発生させた。爆発を起こしたあとには、すり鉢状のクレーターがいくつも残されていた。

岩屑なだれが瞬時の荒廃をもたらしたあと、大泥流が発生した。泥流は、火山の西斜面から流れだす南トゥートル川やカラマ川などでも発生したのだが、やはり、岩屑なだれの堆積物に埋まった北トゥートル川での規模が大きかった。

泥流の発生には、セントヘレンズ山の山腹を覆っていた氷河が大きな役割を果たしたと考えられている。高温の岩屑なだれに取りこまれた氷河の氷が融けて、大量の水を供給したうえ、地表水もまじって大泥流となったのである。

大量の流木を乗せて下る泥流

泥流で破壊され、数キロ流されてきた鉄橋

泥流が北トゥートル川の下流へと氾濫を広げていくにつれ、爆発で吹きちぎられた森林の木々や、木材集積基地に野積みされていた大量の木材が、無数の流木となって泥流に乗り、破壊力を増した。

泥流は、大型のトラックを跳ね上げ、森林軌道用の機関車をも転覆させた。複数の橋が破壊され、道路も寸断、川沿いの家々はたちまち水流に呑みこまれ、300戸あまりが流失した。

当日の午後までに、北トゥートル川の水温は、30℃以上に上がり、川面からは一様に湯気が立ちのぼっていた。ところによっては、川幅が平常時の3倍にも広がり、水位が10メートルも上昇したという。

大噴火の開始とともに、泥流に対する警戒と避難態勢が整えられていたため、泥流による人的被害は最小限に食いとめられた。木材集積基地で、作業員3人が泥流に押し流され死亡した以外、下流域の住民は、情報を受けて高所に避難していたため無事であった。

北トゥートル川を流下した泥流は、火山から60キロ以上離れている合流点で、カウリッツ川に入り、5メートルほど水位を上げたうえ、低地に氾濫しては水害をもたらした。

大規模泥流は、最終的にカウリッツ川からコロンビア川の本流に入り、運搬してきた大量の土砂を堆積させた。火山の山頂から80キロもの地点であった。

大量の土砂が堆積したため、12メートルあったコロンビア川の水深は、わずか4メートルになり、大型の船舶は航行できなくなってしまった。コロンビア川の上流には、貿易港として知られるポートランド港があるため、河床の浚渫が急遽進められたという経緯がある。

災害を軽減したハザードマップ

セントヘレンズ山では、大噴火の2年前にあたる1978年にハザードマップが作成・公表されており、それにもとづいて、火山活動が始まってから、立入禁止区域が設定されていた。もし、このような措置が講じられていなかったなら、62人といわれた犠牲者の数は、数百あるいは千人規模に達していた可能性がある。

セントヘレンズ山周辺は、その後“National Volcanic Monument”に指定され、新たな道路開発やビジターセンターの設立など、積極的な環境整備が進められ、火山を対象とした教育的観光資源として活用されてきた。

一般に富士山型の成層火山は、生涯のうちのどこかで大崩壊を発生させる可能性が高い。1956年には、カムチャツカ半島のベズィミアニ火山が、大噴火とともに山体崩壊と岩屑なだれを発生させている。

日本では、前述したように、1888年7月15日、磐梯山が水蒸気噴火とともに大崩壊を起こし、岩屑なだれが11の集落を埋めて、477人の犠牲者をだしている。磐梯山も、この噴火前は富士山型をした秀麗な姿の成層火山であった。

日本の象徴である富士山も、2900年ほど前に大崩壊を起こしていたことが、地質調査から明らかになっている。

　このように見てくると、1980年セントヘレンズ山の山体崩壊は、地球上の火山としては、けっして稀有な出来事ではなかったということができよう。

第7章　融雪泥流災害

日本では、中部以北の火山、とりわけ東北地方や北海道の火山が積雪期に噴火すると、噴火の熱によって大量の雪が融け、大泥流の発生することが懸念されている。

後述する1926年北海道十勝岳の泥流災害は、その典型であり、この災害を題材にして、作家の三浦綾子氏が『泥流地帯』という小説を書いている。

近年では、1985年、南米コロンビアのネバド・デル・ルイス山の噴火のさい、氷河の氷や雪が融けて大規模泥流が発生、2万5,000人もの犠牲者をだす大災害となった。

1　十勝岳噴火と大正泥流

過去の噴火履歴

北海道のほぼ中央に位置する十勝岳は、道内の活火山のなかでも、大噴火とともに恐ろしい災害を引き起こす火山の一つである。

とりわけ、1926年（大正15年）の大噴火のさいに発生した大規模泥流は、麓の村々に悲惨な災害をもたらした。死者144人というのは、大正以後の日本の火山災害としては、最大の人的被害であった。

十勝岳の過去の活動記録を調べてみると、放射性炭素による年代測定から、紀元前240年ごろや、1670年ごろに大きな噴火を起こしたことが推定されている。

西麓から見た十勝岳連峰

書かれた記録として最初に登場するのは、1857年（安政4年）の噴火で、松浦武四郎の『丁己石狩日誌』に「山半腹にして火口燃立て黒烟天を刺上るを見る」とあり、山腹の火口からかなりの噴煙が立ちのぼっていたことがわかる。

その次の活動記録は、1887年（明治20年）のもので、この地域の鉱床調査に訪れた大日方伝三の『北海道鉱床調査報文』によれば、「ケンルニ（十勝岳）山頂ニ大噴火口アリ周囲凡半里ニシテ常ニ黒烟ヲ噴出スル事甚ダシ」とあり、この年の前後には、十勝岳が盛んに噴火していたことを伝えている。

それ以後30年あまりは、比較的静穏な時期が続いた。この間、

１９１８年（大正7年）５月からは、平山鉱業所が火口周辺での硫黄の採取を始めるようになった。硫黄の生産量は、年間１、５００～２、０００トンにも達したという。

大噴火の発生

十勝岳の噴気活動が再び激しくなったのは、１９２３年（大正12年）ごろからである。この年の６月、中央火口丘の南側にある湯沼（第３坑）に、溶融した硫黄の沼が出現し、このころから硫黄の生産量が増加した。一方、丸谷温泉（別名・美瑛温泉、現在の望岳台付近に存在）の温度が上昇し、温泉の湧出量も増加した。８月には、湯沼で溶融硫黄のしぶきが７～８メートルの高さに噴き上がることもあった。

１９２５年（大正14年）12月23日、中央火口丘の山頂火口（第２坑）が活動を始め、火口内に直径20×30メートル、深さ20メートルほどの火孔を生じた。この新しい火孔は「大噴（おおふき）」と呼ばれたが、２か月後の１９２６年（大正15年）２月中旬ごろになると、径６～10センチの砂礫を飛ばしはじめ、４月５日と６日には、周辺に火山灰を降らせた。８日になると、付近の硫黄に着火したため、第２・第３坑での硫黄採取ができなくなったという。

４月中旬には、火口から火柱の噴き上がるのが見えるようになった。５月に入ると、４日と

5日に鳴動、7日の夜には、大噴からの噴煙量が増し、火柱はますます高く、大噴の隣に新しい火孔を生じた。

5月13日と14日には、鳴動と噴煙がさらに激しくなり、山麓ではしばしば地震を感じたため、人びとは不安な一夜を過ごしたという。15日の午後からは、活動は間欠的となり、16日と17日には、鳴動は衰えたものの、噴煙が激しく上昇した。5月22日になると、十勝岳は鳴動を再開、西麓の上富良野村（現・上富良野町）でも、時折ドーンという音とともに家々がユラユラと揺れ、そのあとに轟音が続いた。

火口近くの硫黄鉱山では、この日も作業が続けられていたが、大噴から噴石が飛んできたので、鉱夫は一時的に避難した。翌23日は午後から雨となったため、鉱夫も採鉱を休んで元山事務所に引き上げた。

そして5月24日の朝を迎える。前夜来の雨がいっそう強くなるなかを、元山事務所から4人の巡視が登山、大噴から噴石がさかんに飛んでいるのを目撃したが、そのほかには異常もなく、午前9時に帰着している。

正午すぎの12時11分、元山事務所では、突然の爆発音とともに、岩の崩れる遠雷のような響きが5、6秒間聞こえた。この爆発音は、麓の上富良野や志比内でも聞かれたという。

元山事務所では、ただちに巡視に向かわせたが、濃霧のため、山頂付近の状況を把握することはできなかった。

このときの爆発では、小規模な泥流が発生して丸谷温泉を襲い、さらに畠山温泉（現在の白金温泉付近）の風呂場を破壊し、宿の前の橋を流出させた。14時ごろにも、小規模の鳴動と噴火があり、泥水が美瑛川と富良野川を濁らせた。

最初の爆発から4時間あまり経った16時17分すぎ、２回目の大爆発が発生した。大規模な水蒸気噴火であった。

爆発音は、美瑛村（現・美瑛町）や上富良野村ではほとんど聞かれなかったが、火口の西約３キロの吹上温泉では、大きな遠雷のような響きを聞き、障子が振動して、黒煙の噴き上がるのが目撃されている。

この爆発によって、中央火口丘の山体のほぼ半分が崩壊した。崩壊物は、高温の岩屑なだれとなって、北西斜面を流下したのである。

大規模泥流が山麓を襲う

５月の十勝岳の山頂部は、まだ厚い残雪に覆われている。岩屑なだれは、その熱によって急速に積雪を融かし、泥流を発生させた。泥流は1分足らずのうちに、火口から2キロあまり離れた元山事務所を襲い、建物を流失させてしまった。このとき事務所にいて、辛うじて難を逃れた人の話によると、ゴーという爆発音を聞いて外に飛びだし、山頂の方角を見ると、黒煙の立ちのぼるのが見えたが、まもなく泥流が襲来して、事務所をさらっていったという。

このときの状況について、渡辺万次郎の『十勝岳爆発調査報文』には、「新爆発孔と覚ゆる方向に、更に一層濃厚な団煙が斜上方に迸出し、その先端は渦をなして却て谷を奔下せり。此団煙が坑夫長屋の東を護れる一小丘陵を越え、その直ぐ前に殺到せる時は既に一大濁流に変じ――」と記されている。瞬時に襲いかかってきた泥流によって、大半の鉱夫は避難するいとまもなく、25人が犠牲になったのである。

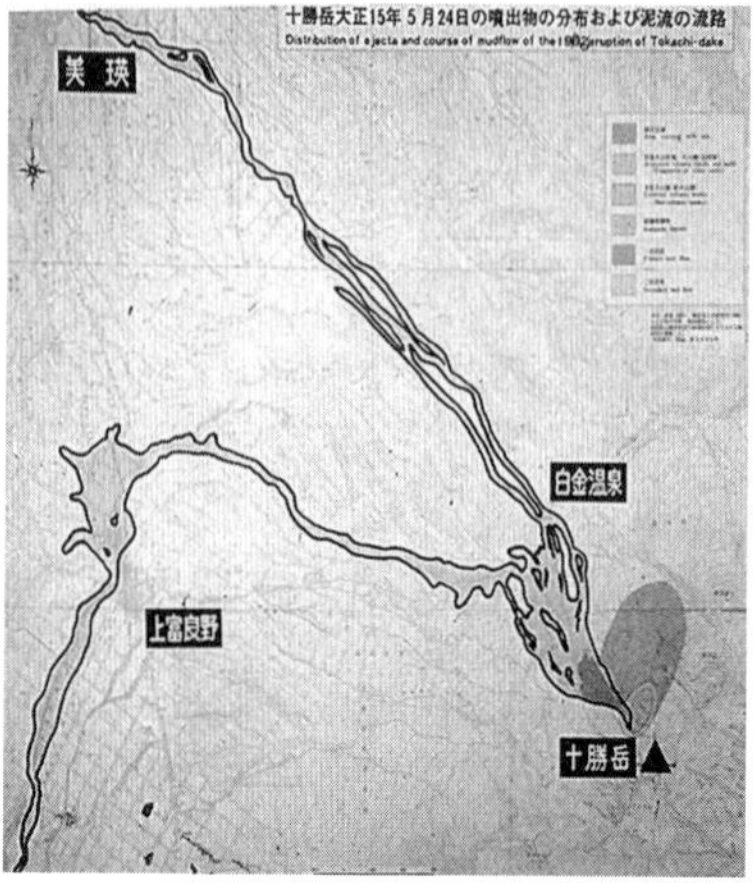

美瑛川・富良野川を流下した泥流の流路

高温の岩屑なだれが、北西斜面を広く覆った結果、たちまち山腹の積雪を大量に融かして、さらに大規模な泥流を誘発した。大泥流は、北側の美瑛川と南側の富良野川とに分かれて、それぞれの谷を高速で流下した。

美瑛川をくだった泥流は、まず丸谷温泉を破壊、つづいて畠山温泉を襲い、温泉宿を倒壊、流失させた。このとき、丸谷温泉で３人、畠山温泉で４人が泥流に呑まれ死亡している。

一方、富良野川を下った泥流は、狭い谷に入ると、さらに速度を増して流下した。泥流の深さは、幅15メートルの谷では40メートル以上に達し、その勢いで森林の木々をなぎ倒し、多数の流木を下流へと押し流した。

泥流の中を避難する人（「上富良野町郷土館」蔵）

破壊力を拡大した大量の流木（仝上）

大泥流は、やがて新井牧場のあたりから上富良野の扇状地へと氾濫し、家屋２３０棟を流失、１００棟を破壊するにいたった。とりわけ破壊力を増したのは、泥流が運んできた大量の流木であった。泥流の荒れ狂った上富良野村の惨状は、目もあてられないほどであった。家屋はもちろん、橋梁や鉄道線路なども破壊されてしまった。

泥流は、爆発後25分あまりで、火口から25キロ離れた上富良野の扇状地に到達しているから、平均時速は約60キロということになる。

こうして、1926年5月24日の十勝岳大噴火による泥流被害は、死者・行方不明者あわせて144人、建物の損失372棟、家畜68頭、水田680町歩、畑507町歩、橋梁の破壊49か所など、被害総額は256万円にも及んだ。現在の金額に換算すれば、80億円前後になるであろうか。

この大災害のあと、十勝岳は3か月あまり活動を休止していたが、9月8日に再び噴火して、火口付近で2人が行方不明になった。それ以後、2年あまりにわたって、断続的に小噴火を繰り返していたが、1928年（昭和3年）12月には活動もほぼ終息した。

十勝岳で起きたこの融雪泥流災害は、積雪期に火山が大噴火したときの脅威を、あらためて見せつけるものであった。

1962年の噴火

十勝岳が次に大噴火したのは、1962年（昭和37年）のことである。6月29日の22時すぎ、中央火口丘の西側で水蒸気噴火が発生した。爆発的な噴火により、火口近くにあった硫黄鉱山元山宿舎に多数の火山岩塊が落下し、作業員5人が死亡、11人が負傷した。

噴火はいったん治まったものの、3時間後の翌6月30日未明2時45分、2回目の大噴火が始まった。火山弾やスコリアを激しく噴出し、噴煙柱の高さは上空1万2、000メートルにも達した。火山灰が偏西風に乗って東へ流れ、北海道の東部一帯は、灰褐色の火山灰の雲に覆われ、多量の降灰に見舞われた。降り積もる火山灰によって、農作物は大打撃をこうむったのである。

しかし、このときの大噴火は6月末だったため、十勝岳には雪渓程度の残雪があっただけで、1926年のような泥流災害は発生しなかった。この噴火も、30日の正午すぎからは衰えをみせはじめ、8月末には活動を休止した。

ハザードマップの作成へ

1985年、南米コロンビアのネバド・デル・ルイス山が噴火、山頂火口から発生した火砕流によって氷河の氷が融け、大規模泥流が発生、2万5、000人もの犠牲者をだす災害となった（**詳細は次項参照**）。

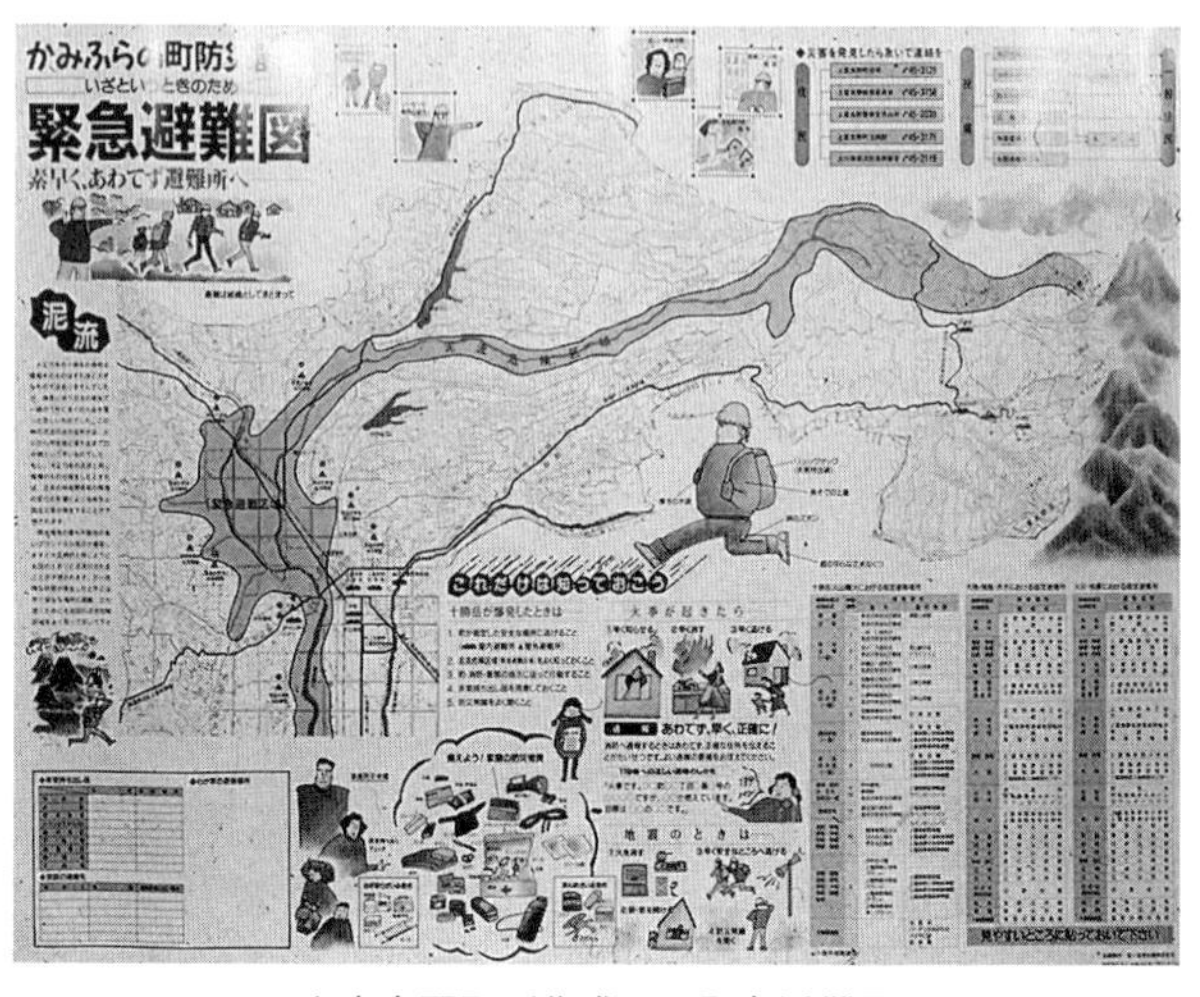

上富良野町が作成した緊急避難図

　この大災害の模様が、日本に報道されたとき、十勝岳山麓の上富良野町では、1926年5月の十勝岳噴火による泥流災害が、まさにネバド・デル・ルイスの噴火による泥流災害と同種のものだったことに着目し、十勝岳の将来の噴火に備えて、地域防災計画の見直しを実施した。

　それとともに、積雪期の噴火に備えて、ハザードマップ（緊急避難図）を作成、町内の各戸に配布したのである。このマップには、1926年に大災害を招いた泥流の流路を参考にした泥流危険域が描かれており、緊急時の避難場所も明示されている。その後、隣接する美瑛町も、同様の緊急避難図を作成して全戸に配布した。

日本の活火山周辺地域で、噴火に備えたハザードマップが整備されたのは、北海道駒ケ岳に次いで、十勝岳が2番目であった。

折しも十勝岳は、１９８３年ごろから噴気活動や地震活動が活発化していた。両町がハザードマップの作成を急いだのには、そのような背景もあったと考えられる。

そして１９８８年12月、十勝岳は活動を再開した。12月16日の小規模な水蒸気噴火で始まり、19日には、マグマ水蒸気噴火とともに、小規模ながら火砕サージと火砕流が発生した。さらに12月24日の深夜、再び火砕サージが発生、25日０時49分の噴火では、火砕流が発生して、火口から約１キロ流下した。

この噴火の直後、上富良野町と美瑛町は、すでに策定してあった防災計画にもとづいて、泥流危険地区の住民に避難を勧告、多数の住民が年末まで避難生活を送ることになった。

避難勧告は12月30日に解除されたが、上富良野町では、このときの避難実施に伴う問題点や反省点を洗いだし、以前に配布した緊急避難図の不備を修正して、新たに地区別のきめ細かい避難図を作成し、各戸に配布した。

自治体のこうした迅速な対応からは、１９２６年のあの悲惨な災害を、将来への教訓として活かそうとする防災行政の積極的な姿勢が、強く感じとられるのである。

振り返ってみると、日本列島の火山では、1926年十勝岳の事例以来、噴火による融雪泥流災害は90年以上も発生していない。いわば、忘れられた災害、盲点の災害になっているともいえよう。

災害のパターンは、必ず繰り返されることを思えば、融雪泥流の発生を想定した防災対策の整備と、防災意識の啓発が望まれるところである。

2　ネバド・デル・ルイス山の噴火と泥流災害

アンデス山脈上の火山

1985年11月、南米コロンビアのネバド・デル・ルイス山が噴火して、大規模な泥流が発生、山麓で約2万5､000人が犠牲となる大災害となった。

20世紀に発生した火山災害としては、1902年、西インド諸島マルティニーク島にあるプレー火山の大噴火で、火砕流により2万9､000人の死者をだした災害に次ぐものであった。

ネバド・デル・ルイス（Nevado del Ruiz）山は、標高5､399メートル、南米アンデス山脈の最北端に位置する活火山である。Nevadoとは、スペイン語で「雪山」を意味していて、アンデス山脈の上に成長したこの地域の火山には、みなNevadoの名がつけられている。Ruizは人名で、Nevado del Ruizとは、「ルイスの雪山」という意味である。

ここでは、雪線の標高が約４,８００メートルであり、それより上には氷河が発達している。その氷河の氷が、噴火の熱で融けて大泥流が発生したのである。

噴火後のネバド・デル・ルイス山（氷河の上を火山灰が黒く覆っている）
（宇井忠英氏撮影）

大噴火の発生と泥流災害

ネバド・デル・ルイス山が異常を示しはじめたのは、１年前の１９８４年11月であった。火山性地震が断続的に起こりはじめ、山頂のアレナス火口の噴気活動が活発化した。

１９８５年９月11日、火山性微動が続いたあと、13時30分に水蒸気噴火が発生、周辺に火山灰を降下させた。このとき、泥流が西斜面を約27キロ流下したが、災害発生にはいたらなかった。

大災害の引き金となった噴火が起きたのは、11月13日の夕方から夜にかけてであった。この日の15時ごろ、かなりの規模の噴火が発生して周辺に降灰、21時すぎになると、噴火は一段と激しさを増した。

山頂のアレナス火口から、噴煙が1万2、000メートルもの高さに上昇し、その噴煙柱が崩れて火砕流が発生した。高温の火砕流が、山頂周辺を覆う氷河の上に広がったため、大量の氷が融けて、大泥流が発生したのである。泥流は、火山の東、北東、西の3方向の斜面を流下した。アンデス山脈は、いわば壮年期の隆起地形であるため、その斜面はきわめて急峻である。

泥流は谷を高速度で流下

発生した泥流は、急斜面を猛スピードで流下し、通り道にあたる谷を削って、大量の岩石や土砂を取りこみ、進むにつれて規模を拡大し、破壊力を増していった。

泥流に襲われた西麓のチンチナ市では、2、000人あまりが犠牲になった。

最も悲惨な災害となったのは、火山の山頂から東へ50キロも離れたアルメロ市であった。比高5、000メートルを一気に流下してきた凄まじい泥流は、23時半ごろ、アルメロの町を襲い、9割以上の建物を埋めたり、押し流したりした。泥流の襲来が夜半だったことも、人的被害を拡大した要因である。

辛うじて生き残った市民の証言によると、泥流は当初冷たかったものの、その後熱い泥流が襲ってきたという。火口から噴出した高温の火砕物が、泥流に含まれていたためであり、翌朝になっても、泥流の温度は約40℃を保っていた。

こうしてアルメロでは、人口約２万９，０００のうち、約２万１，０００人が犠牲になった。その他の地域も含めると、被災地全体で、死者は２万５，０００人前後に達したのである。

空から見たアルメロ扇状地
（荒牧重雄氏撮影）

大災害となったアルメロの町は、実は地形的に不幸な位置にあった。それは、山頂直下に源を発するラグニジャス川とアスフラド川という２つの河川が合流して、峡谷を刻み、狭い谷から一気に平野に出たところ、つまり扇状地の上に発達した町だったからである。

そもそも扇状地というのは、大昔から、たびたび泥流や洪水によって流されてきた土砂が厚く堆積して形成されてきた地形である。そのため、峡谷を流下してきた泥流は、たちまちアルメロの扇状地を洗いつくして、大災害になったといえよう。

私たちＮＨＫ取材班がアルメロに着いたのは、災害発生から6日後のことであった。扇状地を一面に覆った大量の泥は、一歩でもそこに踏みこむと、たちまち膝まで埋まってしまい、容易に脚を抜けないという状況であった。多くの犠牲者を埋めた泥の海には、死臭が漂っていて、しばらくは鼻について離れなかった記憶がある。

各国からの救助隊も、地上から近づくことができず、ヘリコプターによる救出活動に頼るだけであった。

アルメロを覆った泥の海

活かされなかったハザードマップ

アルメロでは、１８４５年にも、ネバド・デル・ルイス山の噴火による泥流によって、約1、０００人の死者がでている。

しかし、それから１４０年もの時を経ると、過去の出来事が語り伝えられないまま、同じ災害に遭遇してしまったといえよう。しかも、アルメロの市街地は、１８４５年の泥流堆積物の上に造成されていたのである。

私たちが現地を取材して驚いたことは、この火山が大噴火し

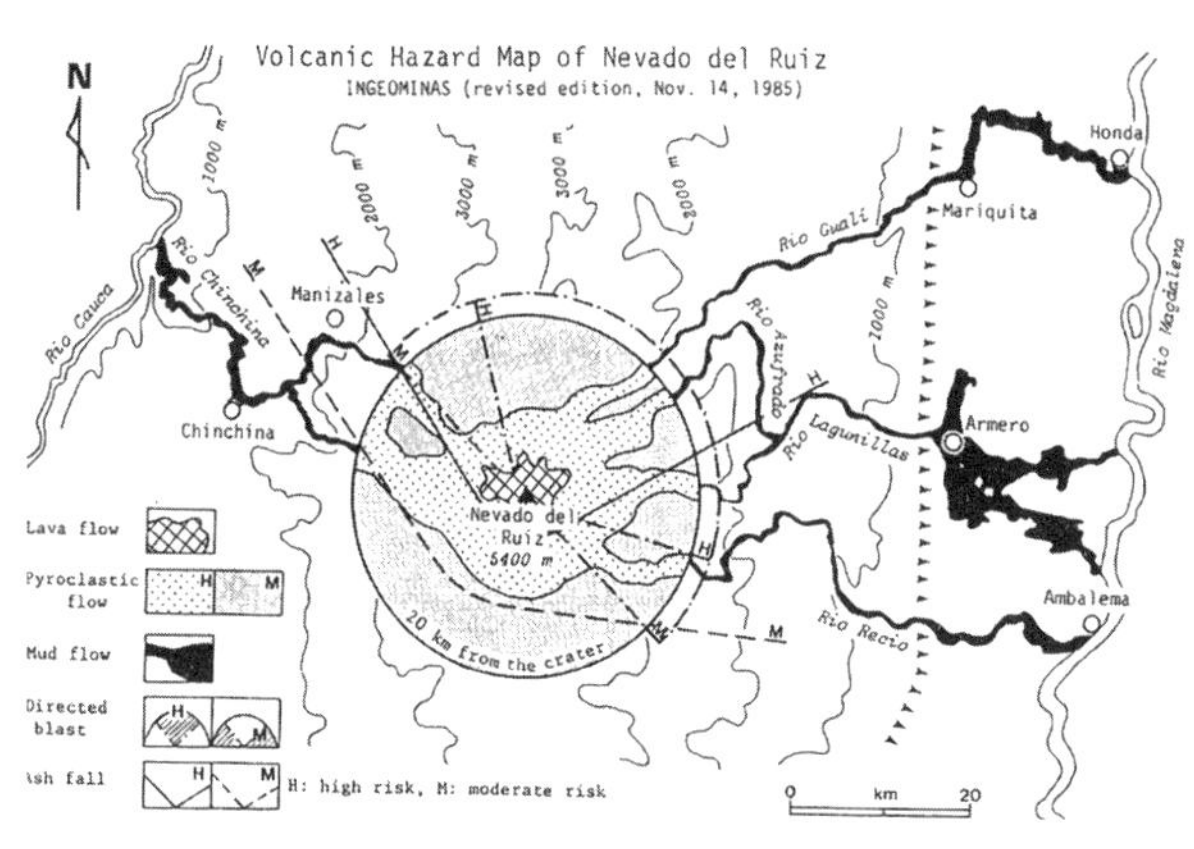

作成配布されていたハザードマップ

たときのハザードマップが、すでに作成されており、周辺自治体や関係諸機関に配付されていたことであった。

このハザードマップは、コロンビアのINGEOMINAS（国立地質鉱山研究所）が、アメリカやイタリアの研究者の助言を得て作成・公表したもので、18ページにわたる説明書も添付されていた。ハザードマップには、過去の噴出物の性質や年代から、これまでの火山活動の特徴を洗いだし、将来起きるであろう大噴火によって、降下噴出物、溶岩流、火砕流、泥流などによる災害の発生しやすい地域が、地図上に明示されていた。

大規模泥流災害は、11月13日の夜に発生したのだが、このハザードマップは、そのひと月あまり前の10月7日に公表されていた。そして災害の当日、大泥流は、ほぼハザードマップで予測されたとおりのコースを流下したのである。まさに、災害は正確に予測されていたといえよう。

しかし、せっかく公表・配付されていたハザードマップを、地元の自治体は現実の防災に活かすことができなかったのである。

いかに精度の高い災害予測図が作成されていても、配布を受けた側が、その内容を読み取る能力に欠けていたり、緊急時の情報伝達体制や避難体制が確立されていなければ、災害から逃れられないことを、この事例は如実に物語っているといえよう。

ネバド・デル・ルイス山の大規模泥流は、火砕流のような高温のマグマ物質が、大量の氷雪を融解させたことが原因となって発生したものである。

このニュースを受けて、十勝岳山麓の上富良野町と美瑛町が、１９２６年に起きた泥流災害は、まさに同種の災害であったことに着目し、地域防災計画の見直しとハザードマップの作成に着手したことは、前述したとおりである。

第8章　アイスランドの火山災害

氷河の下で噴火が起きる！

　北大西洋に浮かぶ島国アイスランドは、「火山と氷河の国」ともいわれている。北極圏に近く、北緯65度の緯線が島の中央部を走っていて、多数の氷河が発達しているうえ、しばしば激しい火山活動が発生して、大規模な災害をもたらすことも少なくない。

　近年では、２０１１年5月にヴァトナヨークトル氷河の下で噴火が発生、大量の火山灰が数日にわたってヨーロッパの空を覆い、航空機の運航に多大な支障と混乱を招いたことは記憶に新しい。

　地表を厚く覆った氷河の下で起きる噴火は、「氷底噴火」と呼ばれている。すると、高温のマグマの熱によって、大量の氷が融け、氷底湖が誕生する。さらに噴火が継続すれば、氷底湖は次第に成長して、氷床の表面に達し、氷中湖となる。

　そのような氷中湖が、氷河の縁辺部などに生ずると、やがては決壊して、大規模な洪水流が発生する。洪水流は、周辺の岩石や土砂を巻きこんで土石流となり、下流域を襲うため、土地が広く荒廃に帰してしまう。まさに、火山と氷河の組み合わせがもたらす、アイスランドならではの災害ということができよう。

地球の割れ目・アイスランド

アイスランドには、約30の活火山が確認されている。これほど活火山が集中しているのは、アイスランドが大西洋中央海嶺の真上、いわば海嶺が海面上に姿を現した存在であることにほかならない。大西洋中央海嶺は、大西洋の中央部を、ほぼ南北に走っている長大な海底山脈である。

大西洋中央海嶺とアイスランド

第2次世界大戦が終わったあと、海底地形を探るための音響測深技術が開発され、海の深さを効率よく測定することが可能になった。こうして1950年代には、地球上の海底探査が積極的に進められ、海底地形を詳しく知ることができるようになった。

その過程で、とりわけ注目を集めたのは、大西

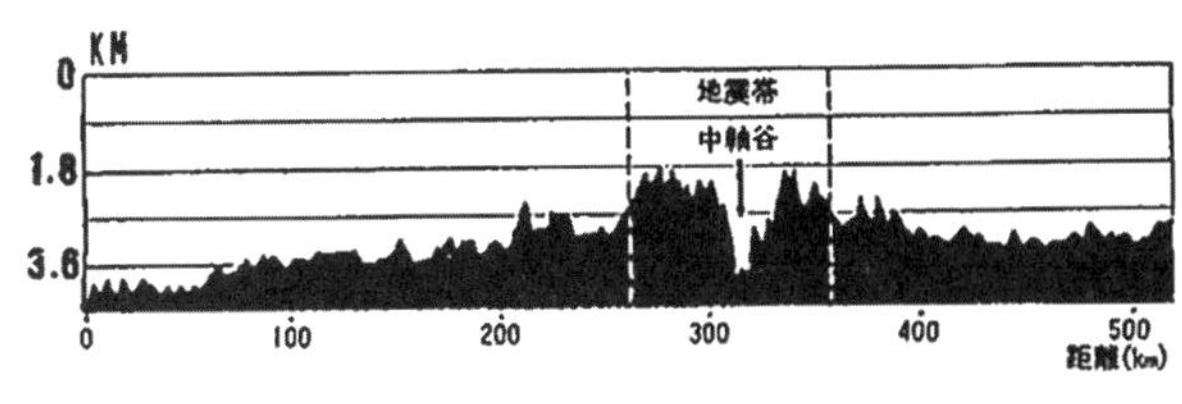

大西洋中央海嶺の断面

洋の海底地形であった。大西洋の中央部を、高さ３、０００メートル級の海底山脈が走っていることは、すでに知られていて、「大西洋中央海嶺」と呼称されていた。

１９５３年、音響測深による観測結果にもとづいて、アメリカのラモント地質研究所のスタッフが、大西洋中央海嶺の断面図を描いたところ、どの断面をとっても、海嶺の頂部に、平均２、０００メートル前後の深い峡谷の存在することが明らかになった。つまりこの峡谷は、大西洋中央海嶺の中央を貫いて、延々と続いていたのである。

一方、大西洋の中央部で発生する地震の震源分布を調べてみると、その大部分が峡谷の中に限られていることがわかった。さらにそこでは、地球内部から表面に向けて流れだしている地殻熱流量の大きいことも観測された。この事実は、大西洋中央海嶺の中央部が高温であることを物語っていた。そこは、地球内部から高温の物質が湧きだしてくる所であり、マントル対流の湧きだし口であると推定されるにいたったのである。

その後行われた古地磁気学などによる研究調査から、大西洋中央海嶺で湧きだしている高温物質つまりマグマが、太古から左右に分かれて広がっていったものと結論づけられた。いいかえれば、中央海嶺の中央部で、海洋底が新しく生まれ、マントル対流の動きに乗って、左右に広がりつつあると考えられたのである。

その後の多岐にわたる研究調査から、マントルの上部と海洋地殻とが一体となって、あたかも剛体の板（プレート）のように運動していると考えられ、その理論がプレートテクトニクスと呼ばれることになった。

その目で大西洋中央海嶺を見ると、そこではプレートが新しく生産され、左右に分かれ離れていく引っ張りの場であり、いわば「地球の割れ目」ということができよう。現実に中央海嶺を挟んで、東側にはユーラシアプレートとアフリカプレート、西側には北米プレートと南米プレートが分布している。

熱い物質の湧きだし口である大西洋中央海嶺、つまり地球の割れ目が、陸上に姿を現した所がアイスランドであり、「中央帯」と呼ばれる、島の中央部を北北東〜南西の向きに貫く幅30キロほどの地帯で、しばしば火山の噴火が発生してきたのである。

中央帯の中には、ギャオと呼ばれる割れ目が多数走っている。とりわけ、中央帯の東端近くにあるエルドギャオは、全長30キロもある深く広い割れ目で、ギャオの両側の壁は、高さ200メートル近くもある。

エルドギャオとは、アイスランド語で「火の峡谷」という意味で、文字どおり、火山の噴火がこの壮大な裂け目をつくった。それは934年のことで、200億立方メートルものマグマを噴出したとされる。このようなタイプの噴火は、「広域割れ目噴火」と呼ばれている。

ラカギガル火山の噴火

記録に残るアイスランドの火山噴火で、歴史時代に地球上で起きた最大規模の噴火とされているのは、1783年から1784年にかけて、大量の溶岩を流出したラカギガル火山の噴火である。

27キロにも及ぶ噴火割れ目から、8か月間も玄武岩質マグマ、つまり溶岩の流出が続いた。この間に地表を覆った溶岩流の総面積は565平方キロ、厚さは20メートルにも達していて、氷河期以降、単一の火山噴火で流出した溶岩としては世界最大といわれている。

私たちは、2004年の夏、ラカギガル火山列のほぼ中央に聳えるラキ山（1、725メートル）に登り、延々と続く火山列を山頂から見下ろす機会に恵まれた**（次頁の写真参照）**。

このときの噴火による人畜の被害は、アイスランド史上最悪のものであった。20万頭の羊、2万8、000頭の馬、1万1、000頭の牛が死亡し、噴火後の飢饉などにより、9、000人を超える住民が犠牲になった。犠牲者の数は、当時のアイスランド総人口の約20パーセントを占めたという。

家畜の大量死を招いた原因は、噴火とともに発生したおびただしい量の火山ガスであった。

ラカギガルの火山列

火山ガスの主成分は、二酸化硫黄やフッ化水素などで、そのため、飲料水や植物が汚染され、人や家畜に深刻な影響を与えたのである。

さらに大量の火山ガスは、イギリスやフランスなどヨーロッパ各国に流れこみ、多くの住民が呼吸器疾患をわずらうなど、深刻な健康被害に見舞われた。

そのうえ、成層圏にまで上昇したエ

アロゾルは、北半球全体の空を覆い、日射をさえぎって、世界的な気候の寒冷化をもたらした。

ベンジャミン・フランクリンの当時の手記には、「１７８３年の夏から数か月にわたって、ヨーロッパや北アメリカの大部分は、ずっと一種の霧に覆われていた。しかも、この霧は乾燥していて、太陽の輝きも、これを消散させることはできなかった」と記されている。

ヨーロッパでは、その後数年にわたって異常気象に見舞われたため、農作物の被害と食料不足によって、貧困や飢饉が蔓延するなど、市民の不満が高まり、それが１７８９年のバスティーユの蜂起に始まるフランス革命の原因になったともいわれている。

ヘクラ火山の噴火

アイスランド南部に位置するヘクラ山（１、４９１メートル）は、有史以来、激しい噴火を繰り返してきた火山である。その噴火の凄まじさから、16世紀には、ヘクラ火山を称して、「地獄の入り口」と呼ぶようになったという。

１１０４年の最初の噴火以来、現在まで少なくとも16回の噴火が知られている。アイスランドの火山としては珍しく、山頂火口から爆発的な噴火をしばしば発生させては、大量の降下噴出物を、周辺の広い範囲に降らせてきた。その一方で、北東と南西の山腹では、割れ目から溶岩を流出するアイスランドの火山特有の噴火も起こしている。

最大の噴火は１７６６〜１７６８年に発生し、１・３立方キロに及ぶ大量の溶岩を流出した。１８４５年にも大爆発を起こし、１９４７〜１９４８年の噴火では、噴煙柱が27キロの高さにまで達したという。

１９９１年の噴火では、火山の周辺が真っ黒な火山灰で埋めつくされ、草本が芽を出しはじめたのは、噴火から10年後のことだったという。

最新の噴火は２０００年２月のことで、それ以後、ヘクラ火山は沈黙を保っている。

スルツェイ島の誕生

20世紀後半、とりわけ１９６０年代と１９７０年代、アイスランドでは、世界の注目を集めた火山の噴火が２回発生した。スルツェイ島の誕生と、ヘイマエイ島で溶岩流が市街地を埋めた大噴火である。

１９６３年11月14日の早朝、アイスランド本島の南西、約20キロの海上で操業していた１隻の漁船が、異様な硫黄臭に気づき、やがて午前7時ごろ、海上に噴煙が上がっているのを目撃した。翌11月15日には、新たな火山活動によって、海上に新島の誕生していることが確認された。

この海底火山は、またたくまに成長を続け、11月15日には、高さ10メートルだったのが、翌日には40メートルとなり、ひと月半後の12月30日には、１４５メートル、翌年１月末には、高さ１７４メートル、直径１，３００メートルという火山島に成長した。

この間、高温のマグマが海水と接触することによって、爆発を繰り返すマグマ水蒸気噴火が発生しつづけた。降り積もった火山灰の上に、大量の溶岩が流出したため、波による浸食に耐え、新たに誕生した火山島として、注目されるにいたったのである。

１９６４年の４月には、新島の周囲の長さは１・７キロに達した。このころ、島の中央部に溶岩湖を生じ、玄武岩質マグマの流出がさらに続いた。その結果、島は面積をますます拡大し、この年の８月には、１・86平方キロに達した。

北海の洋上に誕生したこの新火山島は、ノルウェイの伝説に現れる巨人の名をとって、「スルツェイ」と名づけられたのである。

スルツェイの火山活動は、４年あまり継続し、１９６７年６月４

火山島・スルツェイの誕生

日にほぼ停止した。

現在、スルツェイ島の面積は、2・8平方キロ、最高点の標高は173メートルと報告されている。

いわば、「無」から生じた火山島に、動植物がどのように根づき、繁栄していくのか、それを追究することが、科学者たちの興味の的であった。新火山島は、生物学、生態学の一大実験場と位置づけられたのである。

そのため、スルツェイ島へは、学会から許可を得た科学者以外、一般人の立ち入りは禁止されていて、生態系の変遷を探る貴重な研究拠点となってきた。

噴火開始から2年後の1965年に、島の浜辺に維管束植物の生育していることが確認された。1970年ごろからは、海鳥が群棲するようになり、カモメやウミバトの仲間が、留鳥として住みつくようになった。

海鳥がもたらした大量の糞が、植物の生育に適した土壌を産みだし、噴火から半世紀以上を経た現在、島は緑に覆われ、自然の楽園になっているという。

その後、スルツェイ島は、2008年にユネスコの世界自然遺産に指定され、現在にいたっている。

ヘイマエイ島の溶岩流災害

アイスランド本島の南の海上に、ウェストマン諸島と呼ばれる島々がある。そのなかで最大のヘイマエイ島には、アイスランド最良の漁港を持つウェストマンナエイヤールの町がある。この町の背後にあるヘルガフェル火山は、5,000年ほど前に噴火して以来、沈黙を保っていた。

町の背後で噴火が始まった

それが、1973年1月23日の未明2時ごろ、突然の割れ目噴火を発生させたのである。町の東端の人家から、わずか200メートルの地点であった。噴火割れ目は、たちまち伸長して、約1・6キロの長さに達し、真っ赤な溶岩の噴泉が連なって、「火のカーテン」を現出した。

スコリアや火山灰が島内全域に降りそそぎ、その重みで倒壊する家が続出した。また、割れ目火口から流出した溶岩が町に流れこみ、家屋を次々と焼きながら、街並みを埋没していった。400あまりの建物が、溶岩やスコリアの犠牲になったのである。

放出された大量のスコリアは、その後高さ200メートルほどの新しい噴石丘を形成し、エルトフェトル（火の山）と呼ばれている。

1月23日の未明に噴火が始まったとき、ほとんどの住民は就寝中であった。突然の噴火発生という非常事態を受けて、アイスランドの市民防衛機構は、全島民の島外避難を決定、消防車のサイレンによって噴火を知った人びとは、着の身着のままの状態で複数の漁船に分乗し、島を離れていった。

危機に瀕したウエストマンナエイヤールの町

溶岩が町を埋めていく

島の機能を維持するために残留した一部の人を除いて、約5、300人の島民が、噴火開始から6時間のうちに、アイスランド本土への避難を完了したのである。予想もしなかった大噴火の発生によって、膨大な資産が失われる災害となったにもかかわらず、犠牲者は、有毒ガスを吸いこんで死亡した男性１人のみであった。

１月の終わりには、スコリアや火山灰などの降下噴出物は、島の大半を覆いつくし、一部では厚さが５メートルにも達していた。

一方、溶岩の流出は続き、その一部は島の東岸から海中に流入して広がり、島の面積を２・２平方キロほど拡大する結果となった。溶岩流に呑みこまれた家屋は、全島の約３分の１に達したという。

成功した水冷作戦

２月になると、海に流入した溶岩流は、港の入口を次第に狭めていった。もし、この港が溶岩流によって閉塞されたなら、アイスランド随一といわれる漁港は、その機能を停止してしまう。この漁港は、アイスランドの年間漁獲量の約４分の１を担っているため、国の経済に与える影響は甚大なものになることは疑いない。

その脅威を目前にして、さまざまな案が検討されたが、最終的に決定されたのは、冷たい海水をポンプで汲み上げて、溶岩流の先端に放水し、溶岩を冷やして進行を遅らせようという案であった。いわば「水冷作戦」である。

この試みは2月6日に始められ、毎秒100リットルの放水だったが、溶岩流の進行をかなり遅らせることができた。

3月になると、この水冷作戦に浚渫船も投入され、毎秒400リットルの海水を溶岩流の前面に放水した。さらに、アメリカから毎秒1,000リットルを吐きだせるポンプ32台を購入して作業を継続した結果、溶岩流の進行は完全に食い止められた。こうして、世界の注目を集めた水冷作戦は、見事に効を奏し、ヘイマエイの港は守られたのである。

実は、溶岩流に対するこの水冷作戦は、その後、日本の火山でも2回応用されている。

1つは1983年10月に起きた三宅島噴火のさい、阿古地区に流入した溶岩流の先端に放水した例、もう1つは、1986年11月に発生した伊豆大島の噴火のさい、住宅地に迫ってきた溶岩流に、海岸からホースで引いてきた海水をかけて、進行を食いとめた事例である。

アイスランド人の画期的な決断が、わが国の火山防災対策に、新たな一石を投じたものともいえよう。

第9章　伊豆諸島の火山災害

伊豆諸島の島々は、すべてが火山島である。そのなかで、活火山に指定されているのは、北から順に、伊豆大島、新島、神津島、三宅島、八丈島、青ヶ島、それに伊豆鳥島である。

これら活火山の島は、歴史時代にもたびたび噴火して、大きな災害をもたらしてきた。なかでも新島と神津島は、流紋岩の溶岩ドーム群から成り、それぞれ9世紀に爆発的な大噴火を起こしたことが知られている。

また青ヶ島では、海底からそそり立つ火山の山頂部が島として現れていて、そこに集落が存在している。1783年（天明3年）と1785年（天明5年）に、大噴火によって多数の死者がでた。1785年の噴火では、生き残った島民が八丈島に避難し、以後50年あまり無人島になっていたという経緯がある。

噴火災害の歴史を体験してきたこれら火山の島社会は、つねに火山の動向と向き合って過ごさねばならないという宿命を背負っているのである。

1　伊豆大島火山の噴火史

カルデラの形成

伊豆大島は、大半を侵食で失った3つの古い成層火山（岡田火山、行者窟(いわや)火山、筆島火山）を基盤として、太古からの火山活動の繰り返しによって成長してきた火山島である。

伊豆諸島の他の島々と同様、火山体としては、太平洋の海底からそびえ立っているのであり、人びとが住みついているのは、火山の中腹にあたる5合目あたりになるであろうか。

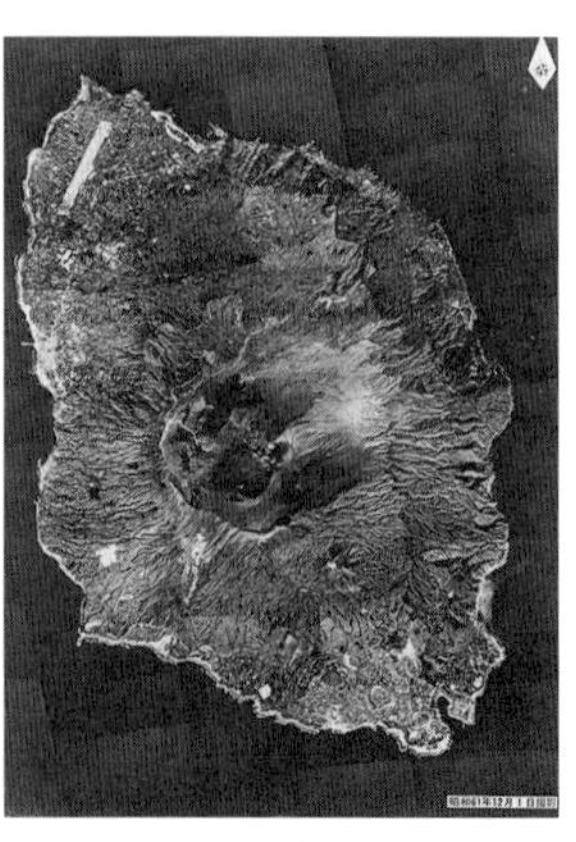

伊豆大島全景

地図を見ればわかるように、大島はほぼ平行四辺形をしていて、北西～南東の向きに長い形をしている。この向きは、北西進してくるフィリピン海プレートが押している方向にあたり、割れ目が開いては側噴火が繰り返されてきたため、多数の側火山が誕生して、北西～南東の向きに島を太らせてきたのである。

山頂部には、径が2・5〜3・2キロのまゆ型をしたカルデラがあり、カルデラ内に中央火口丘・三原山（７５８メートル）がある。

このカルデラは、今から約１７００年前と約１５００年前、大規模なマグマ水蒸気噴火によって、山頂部が陥没して形成されたと考えられている。

火山噴出物の調査から、大島火山は、カルデラ形成後、「安永の大噴火」と呼ばれる１７７７年の噴火までに、10回の巨大噴火を引き起こしてきたと推定されている。

波浮港

波浮港誕生のエピソード

伊豆大島の南端に、天然の良港として知られる波浮港がある。波浮港は見事な円形をしていて、かつてのマグマ水蒸気噴火によって生じた火口の跡であることがわかっていた。このいわば爆裂火口は、はじめ海岸近くの内陸にあって水がたまり、火口湖を形成していたのである。

では、そのマグマ水蒸気噴火の発生は、いつごろのことだったのだろうか。

調査の結果、そのときの噴出物は、大量の角礫を含んだ層として、現在の波浮港の周辺に堆積していることが明らかになった。

一方、私たちが大島火山の過去の噴出物を調査していたとき、厚さ1センチ前後の白い火山灰の層が見つかった。しかも、この白色の層は、島内のいたる所で見つかり、ほぼ大島全域を覆っていることもわかった。

白色火山灰の層（大島では白ママと呼ばれている）

大島火山の噴出物は、一般に玄武岩質で黒色をしている。その中に1枚だけ挟まっている白い火山灰層は、他の火山から飛来したものにちがいない。流紋岩質の白い火山灰を噴出するような火山のある島は、神津島と新島である。

そこで、『続日本後紀』や『日本三代実録』などの古文書を調べてみると、神津島は838年（承和5年）に大噴火を起こして、溶岩を海中に流出し、関東から中部、近畿までの広い範囲に灰を降らせていたことがわかった。一方、新島は886年（仁和2年）に大噴火を起こして、火山灰が房総半島に7、8センチ積もっていたこともわかった。

わずか50年ほどの間隔をおいて2つの火山が噴火しているので、どちらなのかを決めることは難しかったのだが、近年、火山灰中のガラス成分の鑑定から、この白色火山灰は、８３８年に神津島の天上山が大噴火したときの噴出物であると推定されるにいたった。

一方、私たちの調査によって、波浮のマグマ水蒸気噴火による角礫層の層準は、まさにこの白色火山灰層と一致していることが明らかになっていた。

つまり、神津島の天上山が大噴火した前後に、波浮のマグマ水蒸気噴火が発生したことになる。正確な年代はわからないが、平安時代の9世紀であったことは疑いない。

こうして内陸に生じた波浮の火口湖は、１７０３年（元禄16年）に発生した元禄大地震（M8・2）のとき、大津波によって海岸部が破壊され、外海とつながってしまった。

それから１００年近くを経た１８００年（寛政12年）、安房の秋廣平六の指揮のもとで、人手によって湾口部の掘削が行われ、船の出入りができるようになったため、波浮は波静かな風待ちの港として生まれかわったのである。

振り返ってみれば、天然の良港ともいわれる波浮港は、9世紀に起きたマグマ水蒸気噴火と、18世紀初頭に襲来した大津波の「恵み」によって誕生したということができよう。

元町溶岩

伊豆大島火山は、最近1700年間に10回の巨大噴火を引き起こしており、そのたびに数億トン規模のマグマを噴出してきた。

14世紀以降だけを振り返ってみても、1338年、1421年、1552年、1684年、1777〜1778年と、ほぼ100年に1回の割合で、巨大な噴火を繰り返している。

1338年（延元3年）、外輪山の西斜面で割れ目噴火が発生、大量の溶岩が海岸にまで流下した。

当時、中国の元から来日して、鎌倉付近に在住していた臨済宗の高僧、竺仙梵僊（じくせんぼんせん）は、このときの模様を『竺仙和尚語録』、通称『竺仙録』に次のように記している。

「――日本国伊豆州、海中有一座山、名曰大島、毎年三百六十日、日日火出自燃、声如雷迸、煙焔漲天、近日以来、又復灰飛数百里――」。

いま大島の政治経済の中心である元町は、このときの溶岩流が、海岸近くで大きく広がって生じた溶岩扇状地の上に形成されてきたのである。この溶岩流はいま「元町溶岩」と呼称されている。

相次ぐ大噴火

１４２１年（応永28年）には、島の南部で割れ目噴火が発生した。このときに生じた火口列は、現在も地表に残っており、ほぼ一直線に並んでいることがわかる。「岳の平（たけのひら）」と呼ばれる大きなスコリア丘は、このときの噴火で生じたものである。南東に延びた噴火割れ目は、海岸にまで達し、激しいマグマ水蒸気噴火を引き起こした。

当時の『鎌倉大日記』には、「大島焼く、その響き雷の如し、海水熱湯の如く、魚多く死す」と記されているし、『続日本史』にも、「伊豆大島火を発す、響き雷の如く、海潮沸騰すること湯の如し」と書かれていて、海底でも噴火が起きて、海水が煮えたぎったことを物語っている。

これ以後も、１５５２年（天文21年）と１６８４年（貞享元年）に、山頂からの大噴火が発生し、そのたびに溶岩を東海岸にまで流出した。

とくに１６８４年の場合は、「貞享の大噴火」とも呼ばれ、3月末から約1か月間、激しい噴火が続き、溶岩を北東の海岸にまで流出した。

このときの噴火について、『日本噴火志』には、以下のように記述されている。

「大島大噴火。二月十六日（新3月31日）ヨリ二十七日迄激シク継続シ『山中ヨリ峰へ焼ケ上リ、熔岩ハ蝋ノ如クニ海へ焼ケ流シ、七八町程山ニ成レリ』ト云フ、又タ此ノ『神火ニテ山焼ノ節峰ニ洞出来シ御洞ト申伝候由天和四年（即チ貞享元年）ヨリ元禄三年迄七ヶ年ノ間山焼候節、山上ニ凡拾町四方程ノ洞穴出来――』トアリ、要スルニ三原中央火孔丘頂上ノ噴孔ハ往時ヨリ存セルナランモ、貞享元年ノ大破裂ニヨリテ現時ノ如ク巨大ナル噴火孔ヲ生出シタルモノナルベシ』

安永の大噴火

歴史時代に起きた伊豆大島火山の活動のなかで、最も激しかった巨大噴火は、いわゆる「安永の大噴火」である。

1777年（安永6年）8月31日、山頂から噴火が始まった。激しい爆発音とともに、強い地震が断続的に発生し、大量のスコリアが全島に降りそそいだ。長さ2センチから5センチほどの火山毛が、島中に降ったと伝えられる。

『武江年表』には、「安永六年丁酉夏ヨリ伊豆大島焼始メ南海へ火燃出ル、品川沖ニテ夜々火光天ニ映スルヲ見ル」と記されており、夜になると、山上の雲が赤々と輝く火映現象が、品川沖からも望見できたものと推測される。

噴出物に厚く覆われた農地では、収穫が皆無となり、海も濁ってしまったために、魚が島に寄りつかなくなり、出漁もできないというありさまであった。

噴火は、翌1778年（安永7年）の初頭まで断続的に続き、いったんは鎮静化したものの、4月27日に活動を再開して、北西斜面に溶岩を流出、長さは約4キロに達した。このとき、カルデラ内にスコリア丘を形成している。

その後、5月末から9月末までは、噴火の勢いも衰えたので、人びとは山仕事を再開することができたという。

だがそれも束の間、10月から噴火は前にもまして活発になり、11月6日になると、溶岩を南西方向に流出、野増村と差木地村のあいだにある赤沢に約3キロ押しだした。

さらに11月15日には、北東方向に大量の溶岩を流出しはじめた。溶岩はカルデラ床を埋め、東方に流下して海に入り、海中に100メートルほど突きだした。

当時、伊豆韮山の代官であった江川太郎左衛門は、このときの状況を、江戸幕府へ次のように報告している。

「同島泉津村より壱里半程東之方ごみ沢と申沢へ焼出、右沢之儀者、三原山より海辺迄長三里程有之候内、壱里程焼下り、夫(それ)より左右壱里程焼広リ、海中へ焼石押し出し、波打際より沖へ壱町許(ばかり)水上炎夥(おびただしく)敷燃、高弐間程、横幅壱里程、大石にて築上申候段、且又焼音昼夜大雷のごとく鳴、地響強く、夜中明り凄涼、広煙、島中男女驚入、垢離（こり）を取、鎮守へ祈願仕罷在候段――」。

さしもの大噴火も、年が明けて１７７９年に入ると次第に弱まり、終息へと向かっていった。

この巨大噴火を通じて、全島に降りつもったスコリアや火山灰の厚さは、平均50センチにも及んでおり、放出された噴出物の総量は、６億５、０００万トン前後と推定されている。

今は伊豆大島の象徴となっている中央火口丘の三原山は、この安永の大噴火のさいに誕生したものである。

安永大噴火を描いた古絵図（図の左が北）

このように見てくると、14世紀以降だけでも、伊豆大島火山は、ほぼ１００年に1回の割合で、噴出物の量が数億立方メートルという巨大噴火を引き起こしてきたことがわかる。

しかしそれ以後は、噴出量が数千万立方メートル程度の中規模噴火が、１９１２～１９１４年、１９５０～１９５１年、１９８６年に発生して、いずれもカルデラ床に溶岩を流出してきた。また、これら中規模噴火のあいだには、20回以上の小規模な噴火が発生している。

昭和溶岩の流出

１９５０年（昭和25年）７月に始まった噴火では、火口底を埋めた溶岩が山頂火口から溢れだし、三原山の斜面を流下した。

また、山頂火口の縁には、新たな噴石丘を生じた。この噴石丘は「三原新山」と呼ばれ、標高７５８メートルの山頂は、伊豆大島の最高点となっている。

９月末には溶岩の流出も止まり、いったん小康状態となったが、翌１９５１年２月に入ると活動を再開、山頂火口から再び溶岩の流出が始まり、数条の溶岩流となって三原山の斜面を流下した。やがて大量の溶岩がカルデラ床を埋め、３月の半ばには、その先端がカルデラ壁にまで達した。このときの溶岩流は、いま「昭和溶岩」と呼ばれている。

それ以後、伊豆大島火山は、しばしば小規模な活動を繰り返し、１９５７年（昭和32年）10月13日の噴火では、爆発とともに飛散した噴石によって、火口付近にいた観光客１人が死亡、53人の重軽傷者がでるという人的被害も発生した。

１９７４年（昭和49年）２月28日に始まった小規模噴火では、火口底のマグマが60メートル以上も上昇し、ストロンボリ式の小噴火が繰り返されたが、５月９日に伊豆半島南端で「伊豆半島沖地震」（M６・９）が発生すると、活動は急速に衰え、火口底のマグマも沈下していった。

この事例は、同じフィリピン海プレートの上に乗る伊豆大島と伊豆半島において、火山活動と地震発生との関わりを示すものとして注目された。

ドキュメント伊豆大島１９８６年

１９８６年（昭和61年）11月15日の17時25分ごろ、三原山の山頂火口から噴火が始まった。

伊豆大島では、この年の4月初めに地震が群発し、7月からは火山性微動が断続的に続いていた。11月12日からは、三原山の火口壁から白い噴気が１００メートルほどの高さに上がりはじめ、気象庁は「臨時火山情報」を発表して、注意を呼びかけていたところであった。

噴火を開始した場所は、三原山の山頂火口の南東部で、溶岩の噴泉を間欠的に噴き上げ、その高さは最高５００メートルにも達していた。日が暮れると、溶岩の火柱は、夜空に赤々と映じ、見る人を魅了した。

翌日も翌々日も溶岩の噴出は続き、予想外の速さで火口を満たしていった。このままのペースで進めば、火口から溶岩が溢れでるのは時間の問題と見られていた。

そして噴火開始から4日後の11月19日、ついに山頂火口から溶岩が溢れだし、三原山の斜面を数条の火の帯となってカルデラ床へと流下した。溶岩が山頂火口から溢れでたのは、

1950~1951年の噴火以来のことであった。

しかし、中央火口丘・三原山の山頂火口で噴火が続いているかぎりは、外輪山の上から安全に見物することができる。

そのため、火山が繰りひろげる火の祭典を見ようと、各地から多くの観光客が訪れ、外輪山上にある御神火茶屋は、連日の賑わいを見せていた。しかも、11月23日から24日の連休をひかえて、地元では、観光客の増加に期待が大きくふくらんでいた。

三原山火口から溶岩流出

カルデラ床から噴火（阿部勝征氏撮影）

山頂噴火が島に恩恵をもたらすと期待されたのも束の間、11月21日になると、14時ごろから激しい地震が相次ぎ、16時15分、新たな噴火が突然カルデラ床で始まった。真っ黒な噴煙とともに、溶岩の噴泉が列をなして、いわば「火のカーテン」を出現させたのである。

三原山の山頂火口ではなく、カルデラ床から噴火が始まるとは、専門家すら予想できない出来事であった。溶岩泉の列は、南東と北西とに向かって伸び、大量の溶岩をカルデラ内に流出した。

さらに17時46分ごろ、噴火割れ目は、ついに北西側の外輪山を越えて、その山腹へと伸長した。割れ目に沿って次々と噴火口が開き、外輪山の斜面に真っ赤な火柱が列をなして現れる噴火となったのである。

外輪山斜面に開いた火口列
（噴火後に撮影）

最高1,500メートルもの高さにまで噴き上がった溶岩泉の列は、島の海岸からもよく望見することができた。地震が間断なく襲い、震度5の強震も観測された。

三原山の山頂噴火であれば、観光の資源として活用できる安全な島、という伊豆大島のイメージは、この時点で吹き飛んでしまった。

伊豆大島火山で山腹割れ目噴火が発生したのは、先に挙げた1421年、島の南部で割れ目噴火が起きて以来、

５６５年ぶりのことだったのである。

全島避難へ

思いもかけない割れ目噴火が発生したうえ、外輪山斜面に開いた火口の一つから溶岩が流れだし、麓へと流下しはじめ、大島最大の街である元町に迫っていった。一方では、強い地震も連続して、さらに不安を駆りたてていた。

この非常事態に直面して、大島町は島内の各地区に対し、次々と避難指示を発令した。そして22時50分、全島民の島外への避難を決定したのである。

1万人あまりの島民は、海上保安庁、海上自衛隊、東海汽船などの巡視船や自衛艦、客船など38隻に分乗して島を離れ、本土へと向かった。それは、前例のない大作戦であった。

しかし、この全島避難は、多少の混乱はあったものの、おおむね円滑に実施された。その要因として挙げられるのは、まず、伊豆大島が離島としては地理的に便利な位置にあったこと、また、島という地域社会で、住民同士の連帯感が強かったこと、さらに決定的なことは、当日の天候が穏やかで海が凪いでおり、島最大の元町港に、大型の船が次々と接岸できたことである。

全島避難という緊急時の危機管理が円滑に行われたのは、多分に自然条件に恵まれたためということができる。

帰島に向けて

1万人もの住民すべてが島外に避難したのは、日本で初めてのことであった。その意味で、島民自身はもちろん、行政側も初体験の対応を迫られたのである。

親戚や知人の家に身を寄せた人を除いて、島民は都内各地の避難所で集団生活を送ることになった。避難生活が長期化すれば、さまざまな障害に直面する。

ほとんど着の身着のままで避難してきた人びとにとって、島に残してきたものも気がかりである。畜産農家の財産である乳牛も、乳をしぼらなければ乳房炎を起こす。大島特産のブバルディアなど花の栽培も、留守のあいだに花が開ききってしまえば、商品にならない。

一方、テレビ中継される島の状況は、一見平穏であり、地震活動も治まってきている。日を追うにつれ、人びとのいらだちも増して、帰島希望が次第に強くなっていった。都知事のもとへ、一時帰島を望む要望書も提出された。

こうした状況を受けて、一時帰島への模索が始められた。11月27日、中曽根総理（当時）は、国会答弁で、屈強な者を中心とした一時帰島の可能性を示唆した。鈴木東京都知事（当時）も、11月28日に大島を視察し、現在の小康状態について、「これが嵐の前の静けさとは思えない。火山活動が終息に向かう静けさのように思える」と、きわめて政治的な発言をした。

このような情勢下で、28日に火山噴火予知連絡会が開かれた。この会議は、一時帰島の可能性について、国や都の打診を受けたかたちで開かれたもので、6時間に及ぶ会議の最後に会長コメントが発表された。それによると、マグマの活動は短期的には低下しつつあるとしたうえで、「なお、一時的な帰島がある場合は、地域の限定のもとに火山活動の動向を監視しつつ、観測体制の強化、緊急避難対策の万全を図ることが前提である」と結ばれていた。

このコメントを受けて、都の災害対策本部は、12月3日から7日のあいだ、地区別に4回に分けて、1世帯に1人ずつ日帰り帰島をさせることを決め、一時帰島が実施された。

一方、政府は、伊豆大島の緊急観測体制を整備するため、11億2，300万円の予算を組んで、観測を強化することを決め、地震計、傾斜計、伸縮計、磁力計など計58の機器が新設され、従来の観測体制が約5倍に増強されることになった。

一時帰島が無事終了したことにより、次の焦点は島民の全面帰島へと移った。

12月12日、火山噴火予知連絡会が開かれ、統一見解が発表された。それによると、まず「火山活動は、短期的に見れば休止に向かいつつある」としたうえで、さらに「過去の噴火活動の例から考えると、火山活動が再び活発化することも考えられる」という留保もつけ加えられた。

これを受けて東京都は、島民の全面帰島を12月19日から行うと発表、町長名で出されていた避難指示も解除され、全面帰島は22日に無事終了した。ほぼ1か月にわたる避難所暮らしを送ってきた島民は、島で正月を迎えることができることになったのである。

しかし、1か月間の島民不在がもたらした経済的損失は大きく、年明けに発表された推定被害総額は、約21億2,000万円にも達したという。

問われる火山との共生

伊豆大島では、それから4年後の1990年、災害を未来に伝え、火山に関する科学的な情報を普及啓発するために、「伊豆大島火山博物館」が開設され、私がその名誉館長を務めている。

全島避難から30年あまり、伊豆大島火山は、いま比較的静穏な状態が続いている。島の人びとは、これからも火山のもたらす多様な恵みに頼って生きていかねばならない。生活の糧としての火山と、生活を脅かす火山という両面の狭間で、火山といかに共生していくかが問われているといえよう。

2　1983年三宅島の噴火

20世紀以降の噴火

伊豆諸島の三宅島は、直径約8キロのほぼ円形をした火山島である。中央火口丘・雄山の標高は814メートルだったが、2000年6月に始まった噴火のさい、山頂火口が500メートル以上陥没したうえ、雄山も沈下して、最高点の現在の標高は、775メートルとなっている。

三宅島は、北海道の有珠山と並んで、噴火頻度の高い火山である。

20世紀以後の噴火履歴を振り返ってみても、規模の大きな噴火は、1940年、1962年、1983年、2000年と、20年前後の間隔をおいて発生してきたことがわかる。

1940年（昭和15年）7月12日の噴火では、北東山腹から溶岩を流出して集落を埋め、家屋24棟が全壊あるいは焼失、死者11人をだす災害となった。

1962年（昭和37年）8月24日には、北東山腹の標高200〜400メートル付近で割れ目噴火が発生、溶岩の噴泉をいっせいに噴き上げるとともに、多数の火口から溶岩が流出して、海中に流入した。家屋5棟が焼失したほか、道路や山林、農耕地などに被害がでた。

噴火は30時間ほどで終了したが、以後も地震が頻発し、8月30日までに、伊豆集落で2、000回以上を数えた。この噴火によって、新たに噴石丘を生じた。昭和37年であったことから「三七山」と名づけられている。

それから21年後の1983年（昭和58年）、三宅島は再び大噴火を発生させたのである。

目の前で噴火が起きた！

10月3日の正午ごろから、島の南部で弱い地震が感じられ、13時58分、北部の三宅島測候所で火山性地震を観測した。

噴火の開始は15時23分ごろと公表されていたが、山頂付近で噴火を目撃した複数の住民の証言から、15時15分ごろだったとされている。

以下は、当時火口原にあった村営牧場付近で、噴火に遭遇した住民の貴重な証言を要約したものである。

菊地暢氏　村営牧場のレストハウスにいた。15時6分に強い地震を感じ、14時20分ごろに起きた地震と合わせて危険を感じたため、閉店を決意。時計は見ていないが、前後の状況から15時

15分ごろ、外へ出た途端に、乾いた板を割るような破裂音につづいて、ジェット機が落ちたかと思うような噴きだし音が響き、七島展望台のすぐ右手に火柱が上がった。すぐ110番に通報して、振り返ったところ、火柱は３本となり、雄山側に広がってきていた。

　レクリエーション施設にいた人たちが脱出したあと、15時20分ごろに停電したので、車をゆっくりと走らせ、降下スコリアによるフロントガラスの破損を避けながら、坪田林道を経由して下山、脱出した。

山腹の火口列から噴火

蔦沢秀之氏　村営牧場家畜研修センターで勤務中、噴火に遭遇した。噴火開始直後に村役場に電話で通報、２００～３００メートル先の二男山の麓と伝えた。その後よく確かめたら、もう少し遠かったので、再度電話をかけようとしたが、回線が切れていた。牧柵修理中の牧夫２名を案じ、研修センターで待つが、帰ってこないまま時間が経つ（２名は個別に脱出）。

　熱いスコリアが激しく降り、車が焼ける。最初はゴォーという音と黒煙だったのが、火柱となり、たちまち牧場側に向けて、火口列が延びてきた。１階西側の機械室に畳を立てて避難していたが、ガラスも壊れ、屋根や2階が燃えはじめ、その煙に巻かれて外へ出た。噴火から30分近いと感じた。眼鏡を保護するため、ダンボールを折って頭上にかざしつつ、強い東風に逆らって坪田林道まで走る。スコリアがザァーッと降ってきて、両手を火傷したが、林道に入り、安心して傷の痛さを忘れ、歩いて下山した。

これらの証言から、村営牧場周辺から脱出した人びとは、まさに危機一髪、危険と隣りあわせだったことがわかる。

溶岩流に埋まった阿古地区

噴火は、雄山の南西山腹、標高450メートル付近で始まった。噴火割れ目は、上方と下方に延び、長さ3キロあまりにわたって溶岩の噴泉を噴き上げた。噴出されたマグマの大半は、溶岩流となって、島の西斜面を3方向に分かれて流下した。

そのうち、南南西に流れた溶岩は、都道を横切り、海中に流入した。

また、西に流れた大量の溶岩は、17時30分ごろに阿古地区の都道を横切り、集落の上に扇状に広がって、住宅の7割ほどを溶岩の下に埋めてしまった。

こうして阿古地区では、約400棟の住家が埋没、焼失した。鉄筋コンクリート造りの小・

中学校の校舎にも、溶岩が流れこみ、校庭は溶岩に埋めつくされた。

一方、島の南部では、爆発的なマグマ水蒸気噴火が発生した。その一つは、16時40分ごろ、新澪池付近で発生したもので、大量の岩塊が周辺に降りそそいだ。もう一つのマグマ水蒸気噴火は、17時10分ごろ、島の南端、新鼻付近で発生した。噴火割れ目が海底にまで延び、そこから噴火したため、高温のマグマと海水とが接触して、激しい爆発を引き起こしたものである。

新鼻噴火による噴出物は、ほぼ円形状に堆積して、海面上にタフリングを生じたが、その後の荒波で削りとられたため、今は存在していない。

溶岩に埋まった阿古集落（2000年に撮影）

評価された三宅村の緊急対応

溶岩流に埋まった阿古地区の人口は、当時約１，３００人だったが、１人の死傷者もださず、全員が北約2キロにある三宅小学校と三宅中学校に無事避難した。その理由は、三宅村の対応が迅速だったからと評価されている。

東京大学新聞研究所（当時）の調査によれば、三宅村役場は、噴火開始から35分後の15時50分、阿古地区に対して、避難指示を発令した。15時50分といえば、溶岩はまだ村営牧場付近にあって、西斜面への流下は始まっていない。きわめて迅速な措置だったといえよう。

さらに三宅村は、阿古地区の住民を避難させるため、村営バス11台を避難用に切りかえて阿古に向かわせた。地区住民を乗せて、最後のバスが阿古を脱出したのは17時15分、溶岩流が都道に到達するわずか15分前であった。

大量のスコリア降下、溶岩の流出と集落の埋没、マグマ水蒸気噴火の発生と、わずか半日のあいだに、火山活動に伴う多様な現象が展開された１９８３年三宅島噴火も、10月３日の夜半には小康状態となり、翌10月４日の朝６時前にはほぼ終了した。

水冷作戦の実施

このときの噴火では、溶岩流対策として、阿古地区に流入した溶岩流に放水して冷却し、前進を阻止しようという作戦が、日本の火山で初めて実施された。いわば「水冷作戦」である。

この水冷作戦は、１９７３年、アイスランド・ヘイマエイ島で起きた火山噴火のさい、溶岩流から港を守るために、海水を汲み上げて溶岩流の先端に放水し、進行を食い止めて効果をあげた実例に学んだものであった（第8章参照）。

しかし、三宅島の場合、溶岩流の進行を阻止する効果があったとは見られていない。ただ、高温の溶岩に放水することによって、放射熱を和らげ、溶岩流に近接している木造家屋や森林の発火を防いだとも考えられている。

１９８３年の噴火から17年を経た２０００年（平成12年）６月27日、三宅島は再び噴火、雄山の山頂部が陥没して、小規模なカルデラを生じた。また、二酸化硫黄を主とする大量の火山ガスの放出が続いて、全島民が４年半にわたり、島外避難を余儀なくされたことは、記憶に新しい。

噴火頻度の高い火山島という宿命を背負いつつ、三宅島社会は、次に備えて、火山といかに向き合っていくのかが問われている。

3　鳥島大噴火とアホウドリ

アホウドリの島

伊豆鳥島

「鳥も通わぬ」といわれていた八丈島から、さらに南へ約200キロに位置する伊豆鳥島は、国際保護鳥アホウドリの繁殖地として知られている。世界最大の海鳥ともいわれるアホウドリは、かつてはこの島に数万羽生息していて、島を覆いつくすほどだったと伝えられている。「鳥島」の名が、それに由来したものであることはいうまでもない。

鳥島は、他の伊豆諸島と同じように火山島である。標高394メートル、直径2・7キロのほぼ円形をした無人島だが、全体としてみれば、太平洋の海底から聳え立つ3、000メートル級の活火山で、海上に島として現れている部分は、火山の9合目あたりから上にすぎない。

そのため、ひとたび大噴火が発生すれば、噴出物が島中に降りそそぐことになる。そのような大噴火によって、後世に語り伝えられる悲劇を生んだのは、１９０２年（明治35年）のことであった。

当時の鳥島には、千歳湾と呼ばれた北側の湾に沿って、一つの集落があった。50～60戸の家屋が立ち並んでいたという。もとは無人島だったこの島に、はじめて人が住みついたのは、１８８６年（明治19年）であった。彼らの目的は、アホウドリの羽毛を採取して、本土に送ることであった。当時、アホウドリの羽毛は、羽根布団の材料として珍重されていたのである。

アホウドリは、いともたやすく捕獲することができた。この鳥は、体が重いため、危険を察知しても、すぐに飛び上がることができない。したがって、棍棒を使えば、簡単に撲殺することができた。「アホウ」という不名誉な呼び名も、その鈍重な行動に由来したものである。それはまさに乱獲であった。その結果、鳥島のアホウドリは、たちまち数を減らしていった。

当時の鳥島では、アホウドリの排泄する大量の糞が、自然の肥料となって、斜面には草木が繁り、野菜畑もつくられていた。手づくりの軽便鉄道も走っていたという。

しかし、絶海の孤島に、アホウドリの羽毛を求めて築かれていた人間社会は、移住から16年後、とつぜん姿を消すことになる。

大噴火の発生

1902年8月7日、定期船の兵庫丸は、鳥島から1人の青年を乗せて、小笠原父島へと向かった。病気の療養が目的だったという。

兵庫丸が島を出帆したあと、鳥島火山は大噴火を開始したのである。しかし、本土とは隔絶した洋上の火山島だったため、噴火の情報はすぐには伝えられなかった。

大噴火の状況が確認されたのは、8月10日のことである。この日の午前10時ごろ、鳥島付近を通りかかった愛坂丸が、島から猛烈な黒煙が立ちのぼり、大量の噴石が降りそそいでいるのを望見したのである。あたりの海は濁り、家々の破片とともに、多数の遺体が漂流していたという。

一方、鳥島からの青年を乗せて、小笠原へ向かった兵庫丸は、横浜港への帰路、8月16日に大噴火を続ける鳥島付近を通りかかった。

このときの模様について、兵庫丸の船長だった川室清造氏が、本社である日本郵船会社に報告した書面が、当時の東京日日新聞（8月19日付け）に載っている。

「――午前八時頃鳥島の南西に当り海底火山の高く噴出するを遥に認たり（約二十五、六哩の距離）漸漸近寄るに該島の中央より黒烟の時々噴出するを見る。午前十時三十分頃に至り該島

二、三哩の処に近寄り南方より周廻を始め東方、北方、終に西方に到る。其間機関の緩急を応用し又海底の浅深を測り而して陸岸に近寄ること三哩乃至一哩の距離に於て絶えず汽笛を以て住民を呼べども更に人影及家屋を見ず。只海底火山の噴出と山頂の黒煙を見るのみ。殊に該島千歳浦の如きは海岸土砂崩壊湾形全く変じ其惨状言語に尽し難く実に惨憺を極む」

兵庫丸は、16日の正午ごろ鳥島を去り、八丈島を経て８月18日の朝、横浜に帰港した。

「噴火口の最大なるものは該島の中央にして元住家ありし直ぐ上なり。其他山頂に二、三ヶ所噴火あるを認む。全島に人畜の生残る者無かるべく北西部の小区域を除くの外全島只噴出せし砂石あるを遥見するのみ」（兵庫丸から本社への報告の一部）

壊滅した集落

この大噴火によって、在住していた島民１２５人すべてが犠牲になった。助かったのは、病気療養のため、噴火の直前に島を離れて小笠原へ向かった青年１人だけであった。

この大惨事は、当時の社会に大きな衝撃を与えた。政府は、ただちに震災予防調査会に命じて、鳥島の実地調査を行わせた。田中館愛橘、大森房吉、神保小虎など、当時を代表する地震学者や地質学者が、横浜に帰港したばかりの兵庫丸や、軍艦高千穂に分乗して鳥島へ向かった。

8月24日、鳥島に到着した調査団は、約1週間にわたって詳しく調査した。その結果と、噴火の前に島を離れて命拾いした青年の話などから、大噴火の状況が、以下のように明らかになった。

・大噴火は、8月7日夜から10日朝までの間に発生した。
・大噴火の前まで、鳥島は典型的な二重式火山だったが、中央火口からの激しい爆発によって、火口丘は完全に吹き飛ばされ、そのあとに、南北1、000メートル、東西400メートル、深さ300メートルあまりの大きな火口が形成された。
・爆発は、中央火口のほか、火山の中腹でも発生した。また、島の南南西約1キロの海底や、北側の海岸でも爆発が起こり、後者は大きな爆裂火口とともに湾入を生じた。(注：この湾は、のちに「兵庫湾」と命名された。マグマ水蒸気噴火が発生したものと考えられる)

また、ひとり生き残った青年の話から、噴火の発生する前にさまざまな異常の認められたことも明らかになった。

たとえば、噴火の2年ほど前から、桜などの植物が立ち枯れしはじめたこと。3か月ほど前から、鶏が時を告げなくなったこと。北海岸の千歳浦にあった温泉の水温が急に上昇し、付近の草木が枯れたこと。海岸から熱湯を噴出した箇所があり、8月5日にはかすかな鳴動が感じられたことなどである。

これらは大噴火の前兆現象だったのであろうが、科学的な観測など行われていなかった当時のこと、島民は突然の大噴火に遭遇して全滅することになったのである。

その後の鳥島とアホウドリ

1902年の大噴火のあと、鳥島はしばらく無人島になっていた。その後、サンゴを採取するために移住した人もあり、また海軍気象観測所も設置されたりしたが、1939年（昭和14年）8月に再び噴火が発生したため、全員が離島した。

このときの噴火は、1902年に開いた火口の南東端で起きたもので、新たに中央火口丘を生じ、12月末まで溶岩の流出が続いた。この火口丘は「硫黄山」と名づけられている。

戦後になって、台風の洋上観測体制を整備するために、1947年（昭和22年）、気象庁は鳥島に気象観測所を設置し、30数人の職員が交代で常駐して、厳しい自然条件のもとで気象観測に従事することになった。生活用水は、天水に頼るしかなく、物資は3か月ごとに来島する補給船によって運ばれた。

当時は台風観測の最前線として大きな役割を果たした鳥島の観測所も、1965年（昭和40

年）、火山性の地震が頻発しはじめたため、大噴火の発生に備えて、同年11月15日に閉鎖された。以後鳥島は、再び無人島となり、現在にいたっている。

この間、いったんは絶滅したとされていたアホウドリが、1951年（昭和26年）、ごく少数ながら島に生存していることが、観測所員によって発見された。

1962年（昭和37年）1月、私たちはアホウドリの番組取材のため、鳥島に上陸した。このときアホウドリの数は、わずか35羽前後だったと記憶している。

鳥島に群生するアホウドリ

その後、国際保護鳥であるアホウドリの保護と増殖に向けて、環境庁（当時）や野鳥の研究家などが、さまざまに工夫をこらして努力を積み重ねた結果、現在は2、500羽をこえるまでに生息数が回復しているという。

しかし、鳥島火山の将来の噴火によって、アホウドリの繁殖地が破壊される恐れのあることから、アホウドリの雛を小笠原聟島（むこじま）に移送して、新たな繁殖地として定着させる事業が近年進められており、成果を挙げている。

振り返ってみると、もし１９０２年の大噴火によって、アホウドリを乱獲していた人間の集落が滅びなければ、鳥島のアホウドリは絶滅していたかもしれない。鳥島火山の大噴火が、皮肉にも、国際保護鳥アホウドリを絶滅の危機から救ったともいえよう。

おわりに

火山災害は、地震災害と比べて、実に多様である。

降下噴出物、溶岩流、火砕流、山体崩壊、火山泥流、火山ガスなど、災害をもたらす要因は、火山が噴火するたびに、さまざまに形を変えて周辺地域に襲いかかる。

それだけに、或る火山が噴火を開始したとき、その活動が今後どのように推移し、周辺にどのような災害が及ぶかを推測することは、きわめて難しい。


本書では、過去に起きたさまざまな火山災害を、私の取材記も含めて述べてきたが、紙面の都合もあって、火山ガス災害については取り上げなかった。

硫化水素や二酸化硫黄など、毒性の強い火山ガスによって死者のでた例は、近年、草津白根山、安達太良山、阿蘇山などで発生している。

また、二酸化炭素そのものには毒性はないものの、1997年の八甲田山のように、二酸化炭素が充満する窪地に落ちこんで、3人が窒息死した事例もある。

忘れられないのは、1986年の8月、カメルーンのニオス湖で起きた火山ガス災害である。

ニオス湖は、火山の山頂にある火口湖だが、このとき、湖水に溶けこんで封じこまれていた大量の二酸化炭素が、何らかの衝撃によって一気に気化して噴きだし、火山の斜面を流れくだった。

二酸化炭素は空気より重いため、いわば「死の雲」となって、火山山麓の谷筋に点在する村々に滞留し、酸欠によって住民の大量死を招いたのである。死者は1、700人以上、牛などの家畜約7、000頭も犠牲になったといわれる。

思いもかけない自然の脅威に、世界中が驚愕した火山ガス災害であった。

日本の国土の面積は、地球上の陸地面積の約0・25パーセントにすぎない。しかし、活火山の数は、世界全体の約8パーセントを占めている。それは、いうまでもなく、日本列島が地震活動、火山活動の盛んな世界有数の変動帯に位置しているからである。

それゆえ、日本人は未来永劫、地球が引き起こすさまざまな現象とつきあっていかねばならない宿命を背負いつづけていくことになる。

一方、火山は地球内部からの科学的情報を、人間社会にもたらしてくれる。むかし、中谷宇吉郎博士は「雪は天からの手紙」という言葉を残された。その言葉を借りれば、「火山は地球内部からの手紙」を届けてくれる、いわば「地球の窓」ということができよう。

過去に起きたことは、必ず将来も繰り返される。「地球の窓」の研究から得られた情報を咀嚼し、その証言に耳を傾けるとともに、あらためて過去からの教訓を掘り起こして将来に備えることが、災害軽減のための第一歩ではないだろうか。

本書を刊行するにあたっては、近代消防社の中村豊さんに、たいへんお世話になった。あらためて感謝の意を表したい。

２０１７年11月　伊藤和明

《著者紹介》
伊藤和明（いとうかずあき）

1930年東京生まれ。東京大学理学部地学科卒業。東京大学教養学部助手、ＮＨＫ科学番組・自然番組のディレクター、ＮＨＫ解説委員（自然災害、環境問題担当）、文教大学教授を経て、現在、防災情報機構会長、株式会社「近代消防社」編集委員。主な著書に、『地震と噴火の日本史』、『日本の地震災害』（以上、岩波新書）、『津波防災を考える』『火山噴火予知と防災』（以上、岩波ブックレット）、『直下地震！』（岩波科学ライブラリー）、『大地震・あなたは大丈夫か』（日本放送出版協会）、『日本の津波災害』（岩波ジュニア新書）がある。

KSS 近代消防新書

013

災害史探訪－火山編

著　者　伊藤（いとう）　和明（かずあき）

2017年12月7日　発行

発行所　近代消防社

発行者　三井　栄志

〒105-0001　東京都港区虎ノ門2丁目9番16号
（日本消防会館内）

読者係（03）3593-1401㈹

http://www.ff-inc.co.jp

ISBN978-4-421-00904-0　C0244

価格はカバーに表示してあります。